周蓓 主编

專題史叢書

張援 著

河南人民出版社

大中華農業史

本書叙述中國歷代農事，并以世界眼光考察中國與世界農産品的交易、輸出、國外交通等情况

圖書在版編目(CIP)數據

大中華農業史 / 張援著. —鄭州 : 河南人民出版社, 2017. 3(2017.7 重印)
(專題史叢書 / 周蓓主編)
ISBN978 - 7 - 215 - 10853 - 0

Ⅰ. ①大… Ⅱ. ①張… Ⅲ. ①農業史 - 中國 Ⅳ. ①S092

中國版本圖書館 CIP 數據核字(2017)第 048930 號

河南人民出版社出版發行
(地址 : 鄭州市經五路 66 號 郵政編碼 : 450002 電話 : 65788063)
新華書店經銷 河南新華印刷集團有限公司印刷
開本 710 毫米×1000 毫米 1/16 印張 11.75
字數 100 千字
2017 年 3 月第 1 版 2017 年 7 月第 2 次印刷

定價 : 76.00 圓

出版前言

中國現代學術體系是在晚清西學東漸的大潮中逐步形成的。至民國初建，中央政治權威進一步分散和削弱，加之新文化運動帶給國人思想上的空前解放，新學的啓蒙，新知識分子的産生，民國學術如草長鶯飛，進入一個自由而蓬勃的時代。中國傳統學科乃中國學術之根基與菁華所在，民國學人采用『取今復古，别立新宗』之方法，引入西方的學術觀念，積極改造，使史學、文學等學科向現代學術方向轉型。此外，大力推介西方社會科學的新學科和自然科學，在學習、借鑒乃至移植西方現代學術話語和研究範式的過程中，逐漸建立中國現代學科，使中國的學科門類迅速擴展。一時間，新舊更迭，中西交流，百花齊放，萬壑争流，開創了中國現代學術的源頭。

伴隨知識轉型和研究範式轉换而來的，還有學術著作撰寫方式的創新。中國古代的著作向來以單篇流傳，經後人整理匯編後，方以成册成集的面目出現并持續傳播。直到十九世紀末，東西方的歷史編撰體裁不外乎多卷本的編年體、紀傳體和紀事本末體等，章節體的出現標志着近代西方學術規範的産生和新史學的興起。章節體具有依時間順序，按章節編排；因事立題，分篇綜論；既分門别類，又綜合通貫的特點。以章、節搭建起論述之框架，結構分明，邏輯清晰，較傳統的撰寫體裁容量大、系統性强。它的傳入，使中國現代學術體系從内容到形式被納入了全球化的軌道。民國時期專題史的研究、譯介、編纂、出版恰恰是在這樣的背景下欣欣而發，是學術的實驗場，也是歷史的記録儀。編選『民國專題史』叢書的初衷正是爲了從一個側面展示中國學術從傳統向現代過渡的歷史進程。

專題史是對一個學科歷史的總結，是學科入門的必備和學科研究的基礎，也是對一個時代艱深新鋭問題的解答，更是學術研究的高點。民國專題史著作中，既包含通論某一學科全部或一時代（區域、國别）的變化過程的，又囊括對一時代或一問題作特殊研究的，還有少部分是對某一專題的史料進行收集的。原創與翻譯并重，翻譯的底本大多選擇該學科的代表著作或歐美大學普及教本，兼顧權威性和流行性，其中日本學者的論著占據了相當比重。日本與中國同屬東亞儒家文化圈，他們在接納西方學術思想和研究模式時，已作了某種消化與調適，從思維轉換的角度看，更便于中國借鑒和利用，他們的著作因而被時人廣泛引進。

與當代學術研究日趨專業化、專門化、專家化的『窄化』道路迥乎不同的是，中國傳統學術崇尚『學問主通不主專，貴通人不尚專家』的通識型治學門徑，處于過渡轉型期的民國學術在不同程度上保留了這種特徵。民國學術大師諸學科貫通一脉，上千年縱橫捭闔之功力自不待冗言，外交家著倫理政治史、文學家著哲學史、化學家著戰争史等亦不乏其人，民國專題史研究呈現出開放、融通、跨界撰述的特點。與此同時必須看到，自晚清以來，中國的命運就在外侮屢犯、内亂頻仍的窘境中跌宕彷徨，民族存亡仿若命懸一綫。這股以創建學科、總結經驗、解決問題爲指歸的專題史出版風潮背後，包裹着民國學人企望以西學爲工具拯民族于衰微的探索精神，及以學術救亡的愛國之心。梁任公曾言：『史學者，學問之最博大而最切要者也，國民之明鏡也，愛國心之源泉也。』這種位卑未敢忘憂國的歷史使命感和國民意識是今人無法漠視和遺忘的。

『民國專題史』叢書收録的範圍包括現代各個學科，不僅限于人文社會科學，學科分類以《民國總書目》的分科爲標準，計有哲學、宗教、社會、政治、法律、軍事、經濟、文化、藝術、教育、語言文字、中國文學、外國文學、中國歷史、西方史、自然科學、醫學、工業、交通共19個學科門類。本叢書分輯整理出版，内不分科，單本發行，方便讀者按需索驥。既可作爲大專院校圖書館、學術研究機構館藏之必備資源，也可滿足個人研讀或興趣之收藏。

與目前市場已有的一些專題史叢書相比，『民國專題史』叢書具有規模大、學科全、選本精、原版影印的特點。本叢書選目首重作者的首創、權威和著作影響力，尤其注重選本的稀見性。所謂稀見，即建國後没有再版，且多數圖書館没有收藏，或即便有收藏，也是歸于非公開的珍本之列予以保存，普通讀者難以借閲。部分圖書雖有電子版，但作爲學術研究的經典原著讀本，紙質版本更利于記憶和研究之用。本叢書精揀版本最早、品相最佳的原版圖書作爲底本，因而還具有很高的版本收藏價值。

『民國專題史』的著作是民國學者對于那個時代諸問題之探究，往往有獨到之處，無論其資料、觀點短長得失如何，要之在中國現代學術史的構建與發展進程中，自有其開宗立論之地位。

大中華農業史編輯大意

(一)我為世界最古且大之農業國。而向無農業史。足供參考。實為憾事。本編備述歷代農業之盛衰利弊。俾有志於農者。得卽過去之狀況。求將來之發展。

(一)現世農業教育。以美國最稱發達。其學科課程中多列農業史一門。本編就本國歷代大勢。選擇記載。章節分明。亦以備農校教科之用。

(一)我國農業情事。多散見於羣籍。本編材料。上世期概據詩、禮、史記、路史、通鑑外紀等。及其他諸叢書。秦漢以下。概據正史。又參以諸子及三通。並雜家著錄多種。

(一)本書共分三編。都為十七章。析為一百六十節。歷代農事。雖猶不免漏略。但搜羅抉擇。重要之點。大致無遺。至於時代相沿。仍不躐亂。

(一)凡研究歷史。必具有世界眼光。況我為世界農業先進之國。自古與海外。卽發生關係。故本編特注意與國外交通。及農產物輸出各節。

(一)水利為農之本。故本編對於歷代之水利河患。記之特詳。

(一)本編各節。多據當時事實。而間以新農學。比較之。以明古今中外農學之源流。

（一）本編注重事實。不尙文詞。苟切於事實。則雖耕奴織婢。舊史號爲小道者。亦必詳及之。

（一）本編對於農田農器。多附圖。以便參考。

（一）近數年來。我國農業日漸進步。本編雖僅止於近世。期而莫大希望。實在將來。故現世期當續成一編。

（一）本編疎誤無當處。自知必多。海內閎達。幸教正之。

大中華農業史序

吾國以農立國。垂四千年。上自天子。下逮庶人。旁及名臣碩彥。與夫山林遺佚之儔。無不以講求農事。躬耕畎畝爲榮。而千古史傳所載。炳耀一時之偉業。其人常與力田。爲發軔歸宿之終始。後世讀之。斤斤然若有餘味。而相與景仰於無窮者。詎無故耶。吾國沃野千里。人民富庶。衣食之足。無俟外求。以天時地利所宜。穀食生諸土者。無不暢茂條達。供其世世子孫。滋生蕃衍而有餘。故舉國之人。安土重遷。本農末商之習。千百年來如出一轍。而名人賢士之記載。關於稼穡場圃之揄揚勸勉獨多。海通以來。政教日衰。百業頹廢。事事墜落人後。爲外人所恥笑屈辱。僇焉有不國之勢。憂國之士。皇皇然慮之久矣。然於此百業頹廢之中。爲外人所稱許。至今而未替。舉爲立國之根本。非他國所可幾及者。獨農事之勤耳。此豈偶得之哉。然則吾人對此。寧可不於史傳所載。如管子所謂相高下。視肥磽。觀地宜。與夫宋史所載圩田圍田方田諸端。一一研求而討論之。孰得孰失。孰精孰劣。搜羅會集。成諸專書。以供國人之觀覽而圖進之耶。靖江張君滌珊。邃於農事思想。博獵羣書。覘歷代農業進化。編之成史。而請敘於予。予喜張之能自成所志也。故爲之敘。

民國十年南通張謇

大中華農業史序

吾友靖江張君滌珊。以所編大中華農業史示余。且屬爲弁言。余謭陋。未嘗學農。讀其書三日。乃從而爲之辭。蓋聞天生萬物。人爲貴。人之所以貴者。惟其能窮理而知所以利用。窮理斯有學。利用斯有業。卽學與業而爲之利導整齊。於是乎又有政。學也業也政也。如鼎足然。缺一不足以成事而善後者也。無化之民無論矣。其半化者。率僅有業而無學與政。非無學與政也。學不知其所以然。政不知其所宜然。則不成章不達。雖有焉而若無。甚或不如其無。若夫退化之民。始固三者俱備。繼則學不進。政不舉。徒以人生日用之需。墨守先民矩矱而爲之。業因陋就簡。處閉關時代。尚可勉强以圖生存。一與進化者遇。則優劣見而勝負分焉。吾國百業凋敝。論者至以半化目我。卽我自爲辯。亦不能不含垢忍辱。自儕於退化之列。余夙持此論。今觀張君所著農史。而益信。農吾本業。亙古所重。今尙若此。他何言哉。君此書凡三編。首編述神農至戰國爲上世。爲胚胎與興盛之時。次編述秦至唐爲中世。爲變遷與修明之時。三編述五季至清爲近世。爲中落與漸進之時。知人論世。權衡至當。美矣備矣。歎觀止矣。抑余尤有進者。農之進化。莫隆於有周一代。其時學校教育。幾於普及。農家子弟。旣皆入小學而教以禮樂射御書數之文。又有遂人稻人草人與夫司稼掌葛山虞林衡之屬作之官。作之師。因地因時。以教以督。而授田之制。賦民之法。復廉公有信斠若畫一。合言之政與教不分。國與家無別。析言之則農學農業農政各極其盛。相得益彰。今人屬辭比事。往往周禮與歐化並稱。論物質雖精粗懸絕。論精神固先後一揆也。春秋戰國。學校寖衰。秦漢以還。制度亦變。縣官知食稅衣租而已。其所注重者。無非賦歛之經。取民之法。學與業則壹聽民之自爲。間有改良之器。利民之術。亦一二智巧之士。循良之吏。偶或爲之。非有統一之政令。必然之推行。故農政不修。與夫學之不講。業之中落。實不始於五季。特五季以降。去先民流風遺澤益遠。壞亂爲尤甚耳。陵夷至於今日。再退固將有萬刼不復之勢。而猛進亦不無一日千里之望。此誠剝極思復之念。危急存亡之秋也。何言之。農學農政。興而未曾。老農老圃。愚而自封。官民新舊之間。如青黃之不相接。種不選。器不利。土化不知其宜。每每原田耕作之便捷。收穫之美富。遠不如人。而生計日高。工力漸貴。棉布材木。已泰半仰給海外。稻粱黍稷。亦或有得不償失。窮於耕種之一日。舉衣食居處三者所需。皆不足自養。尚何能自存天地之間。此再退之至可危懼者也。然以近歲歐戰之閱歷。覘人國者。亦重天然。其言若曰。

國民不滿萬萬。不足以言強。民食不能自贍。不足以爲大。而此可強可大之基礎。我實兼而有之。膏腴之地。多於歐洲各國所共有。力田之人。溢於北美合衆之全民。履厚席豐。並世無兩。但使盡其在人之責。習普通以開農知。攻專門以造農師。舉人所累試而有效者。悉奉而行。益精而進。可耕之地無不耕。可林之山無不林。可漁可牧之鄉無不漁牧。馳道航線。經緯不斷。脈絡相通。若是者。自贍之餘。尚可外競。美不能望我項背。歐方且仰我鼻息。此又猛進之大有可望者也。夫得天獨厚。則成敗全視人爲。死生之鍵。榮辱之樞。蚩蚩吾氓。莘莘學子。可奮然起矣。君好學能文。久列吾省議席。往者已有農業地理之著。斯編則更縱橫四萬里。上下五千年。於農業盛衰利病。窮原竟委。朗若列眉。以吾國古稱重農之國。蘇省又爲財賦之區。誠家置一編。各竭其能。各盡其智。懲前毖後。察往知來。本空言以見行事。則農之進化。將自吾省而洋溢乎通國。不出二十年。張君賡續其史。爲第四編。曰自民國以來爲現世。爲猛進與外競之時。豈不懿歟。屈久思伸。望之若歲。

民國十年梁溪張軼歐

大中華農業史目次

第一編 胚胎及興盛時代（自神農至戰國是爲上世期）

第三章　遼金元

大中華農業史

第一編　胚胎及興盛時代

自神農至戰國是爲上世期

我國農業胚胎於神黃神農教民耕稼遠在西歷紀元前二千七百餘年世界列國古初之農業未有能先於我國者也黃帝因之畫井分疆導生民利雖不過爲一部分之發達而備述事迹實足爲農業史上生色唐虞之世中經大恐怖長時期之洪水而不因之中絕者固爲堯舜禹平治之大功而亦平治後注重農事足以整理之至棄播時百穀農業基礎始於是乎定歷夏商至周更爲完備讀邠風之詩可知王化所基卽在于耜舉趾築場納稼之間考周官體國經野安擾邦國辨土宜分井牧有徑畛涂道以正疆界有溝洫澮川以宣水澤安甿以田里利甿以興耡勸甿以時器任甿以疆予更可見農業大興卽周家之所以立國東遷以後諸侯專征伐各據其國各子其民當此列國兵戰之時雖不免賦役煩興而以農強國者實大有其人管仲子產李悝商鞅或主軍農或主法農皆當時之最著者也農業於此勢力直足以左右神州可謂盛矣且其時之人民思想自由言論自由極社會活潑之狀

態。各種事業均怒發橫生。故農事上之創制甚多。學術亦盛極一時焉。

第一章　神黃

第一節　始教耕稼

太古之世。榛榛狉狉。人民山居則捕逐禽獸。水居則網羅魚貝。所謂漁獵時代。初不知耕稼也。神農氏作。因天之時。相地之宜。制耒耜。教蓺穀。而民始知粒食。故神農者。我國農業史上最初之鼻祖也。除造田法發明農器外。最要之事有二。

（一）穀種之由來　植物之可供民食者曰穀。其爲種也不一。自神農嘗草別穀。穀之種子。始由是來。惟其時草昧初啓。迷信甚深。故周書有天雨粟。神農耕而種之之說。

（二）農地之獲得　黃河流域。農地之良好者也。本爲苗據。自伏羲戰勝苗族。漢族始游牧東來。至神農時勢力東及海濱。此寒燠適宜。腴沃可耕之土。遂歸漢族所有。而爲農事之發源。

第二節　始制田里

神農之世。農與工商業無分也。自黃帝統一海內。畫野分州。經土設井。於是農者始恆爲農。

其制使八家爲井。井開四道。而分八宅。井一爲鄰。鄰三爲朋。朋三爲里。里五爲邑。邑十爲都。都十爲師。師十爲州。分之於井。而計於州。地著而數詳。是爲當時農道之規式。亦卽後世井田之權輿。

第三節　始育蠶

黃帝以前。人衣獸皮。其後人多獸少。事或窮乏。故以絲麻布帛製衣裳。使民得宜焉。考化蠶爲絲。雖傳自伏羲。而育蠶實始於嫘祖。嫘祖者。黃帝元妃西陵氏也。氏勸蠶稼。月大火而浴種。副褘躬桑。獻繭稱絲。以供衣服。人民自此無皴瘃之患。後世因祀爲先蠶。

第四節　始設官

繼黃帝而立者少昊。設九扈爲九農正。春扈趣民耕。夏扈趣民耘。秋扈趣民斂。冬扈趣民蓋藏。棘扈爲果敺鳥。行扈晝爲民敺鳥。宵扈夜爲民敺獸。桑扈爲蠶敺雀。老扈趣民收麥。令不得晏起。以九扈爲九農之號。設一人爲正。而責以數事。隨其宜以教民爲農。設官自此始。

第五節　始發明農器

農夫之耕。必先利其器。後世農器雖多。而皆原始於耒耜。斲木爲耜。揉木爲耒。耒耜者手耕曲木。神農。時其臣。倕所。發明。也。此外除草之耡。揚糠之簸箕。漉米之秕簍。亦皆發明。於此時。至黃帝時發明者。又有數種。如擣粟之杵臼。織紝之機杼。撈蠶蛹之笊籬。是附耒耜耡圖及杵臼制如左。

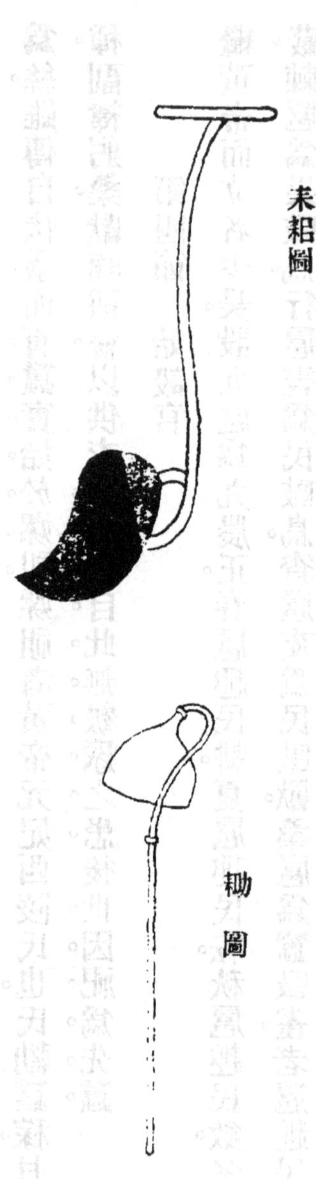
耒耜圖
耡圖

斲木爲杵。掘地爲臼。杵臼舂也。黃帝臣雍父所作。古舂之制。秳百二十斤。稻重一秳。爲粟二十斗。爲米十斗曰毇。爲米六斗大半斗曰粲。又曰糲米一石舂爲九斗曰鑿。鑿米之精者。斯古舂之制。自杵臼始也。杵臼之利。萬民以濟。後世加巧。因借身重以踐碓。而利十倍。

第二章　唐虞

第一節 禹平洪水

唐堯之時。洪水泛濫。草木暢茂。五穀不登。先命崇伯鯀治之。鯀大興徒役。作九仞之城。與水爭力。九載而績弗成。堯乃咨四岳。舉舜於畎畝。舜攝位後。殛鯀於羽山。以正其湮水之罪。命禹爲司空。使繼父業。益及棄爲佐。禹八年於外。三過其門而不入。水乘舟。陸乘車。泥乘輴。山乘樏。先疏河。次濟。次淮。次江。北條之水。使入河濟。南條之水。使入江漢。其唯一宗旨在宣導水流。以四海爲壑。故於河則鑿龍門呂梁底柱。於淮則鑿荊山。於江則鑿巫峽。卒使歷代大患。克告成功。後世言水利者。莫不宗之。至其所用之準繩規矩。殆類今之測量鎖尺與製圖度器。於是知禹之治水。實我國最大工事所由始也。

第二節 益治山澤

禹治洪水。益實佐之。其掌火。焚山林以驅禽獸。皆爲治水之預備。至舜命九官。益即爲虞。治山澤。治山即林業。治澤即水產業也。當時名山大澤不以封。舉上下草木鳥獸。皆因其自然之理。不傷其情。不拂其生。取之有時。用之以禮。利民之事。自此興焉。

第三節 棄教稼穡

水平之後。始教稼穡。稼穡者。棄也。棄當幼時。卽喜種植之戲。成人後更好耕農相地之宜。宜穀者咸稼穡焉。稼爲播種之術。穡卽收穫之方。民見而法之。堯遂舉爲農師。舜亦曰棄黎民阻飢。汝后稷播時百穀。於是始甽田。以二耜爲耦。廣尺深尺曰甽。一畝三甽。而播種其中。苗生葉以上。稍耨隴草。因隤其土。以附苗根。故詩曰或芸或耔。黍稷儗儗。芸除草也。耔附根也。言苗稍壯。每耨輒附根。比盛暑。隴盡根深。能風與旱。卽儗儗而盛也。其時種之嘉者。爲秬秠穈芑等。穀以百者。所以別地宜。防水旱。計稻粱菽三穀各二十種。蔬果各二十種。民生利賴。萬世仰其功德。是爲我國農之始祖。

甽畝通圖

上圖白處爲甽。卽播種之溝也。黑處爲不耕種之畝。

留以通風灌水。所謂萊其半以休地力者也。今歲爲甽。來歲爲畝。互換種之。使地力得休而自肥。一夫百畝。爲三百甽。行於井田之中。但取水勢澆灌之便。相地勢可長可短。

可通可截。

第四節　始授民時

天文之官。古不得詳。至唐有羲和氏。始以治歷象閏。堯命氏授民時。考四方之中星。定四時之仲月。南方朱鳥七星之中。殷仲春。則厥民析而東作之事起。以東方大火房星之中。正仲夏。則厥民因而南訛之事興。以西方虛星之中。殷仲秋。則厥民夷而西成之事舉。以北方昴星之中。正仲冬。則厥民隩而朔易之事定。然所謂歷象之法。猶未詳也。至舜在璿璣玉衡。以齊七政。於是農桑之節。皆以此占之。四時各有其務。十二月各有其宜。先時而種。失之早。則不生。後時而藝。失之晚。則不成。授時之於農。關係大矣。

第五節　始別田壤定貢賦

水既平治。民得安居。惟九州之內。田各有等。土各有差。堯乃任土作貢。則壤成賦。貢爲下之所供。咸以方物。賦爲上之所取。分爲九等。賦役之制。卽自此始。試將九州田壤貢賦。分列於左。

（1）冀州。在兩河之間。爲王畿之地。其土白壤。田中中。賦上上錯。百里賦納總。二百里納銍。三百里納秸。四百里粟。五百里米。貢則無之。

(2)兗州。在濟河二水之間。土黑墳。田中下。賦下下。貢漆絲。篚織文。

(3)青州。瀕海。土白墳。田上下。賦中上。貢鹽絺海物絲枲鉛松怪石。篚檿絲。

(4)徐州。在海岱與淮之間。土赤埴墳。田上中。賦中中。貢土五色夏翟孤桐浮磬蠙珠及魚。篚玄纖縞。

(5)揚州。在江之南。土塗泥。田下下。賦下上上錯。貢金三品瑤琨篠簜齒革羽毛及木。篚織貝。包橘柚錫貢。

(6)荊州。在漢水之南。土塗泥。田下中。賦上下。貢羽毛齒革金三品杶幹栝柏礪砥砮丹箘簵楛包匭菁茅篚玄纁璣組大龜

(7)豫州。在河之南。下土墳壚。田中上。賦錯上中。貢漆枲絺紵。篚纖纊。錫貢磬錯。

(8)梁州。在華山黑水之間。土青黎。田下上。賦下中三錯。貢璆鐵銀鏤砮磬熊羆狐狸織皮。

(9)雍州。在河之西。土黃壤。田上上。賦中下。貢璆琳琅玕。

九州之建。始於顓頊。州者水中可居之地也。故界多以大河爲限。堯初承舊。後又分幷幽營三州。共爲十二州。

第三章 夏商

第一節 溝洫之利

禹平水土。治以節儉。而盡力溝洫。尤與農事有莫大關係。其時九夫爲井。井間有溝。十里爲成。成間有洫。洫深廣皆八尺。溝半之。故田野之間溝洫分布。可決則決。自無泛濫之害。可塞則塞。自無乾旱之虞。禹錫玄圭。後畢生經營在是。後世灌漑之利昉焉。

第二節 田賦之別

夏時洪水初平。九州之地有土見而未作者。有作而未乂者。人工未足以盡地力。故以五十畝田爲一間。十間爲一組。一夫受田限一間。使得精於其業。不至務廣而荒。賦稅則用貢。貢者較數歲之中以爲常。而取其五畝之所入也。禹行之自有其道。觀夏諺曰。吾王不遊。吾何以休。吾王不豫。吾何以助。可知當時既定貢法。而又有春秋之巡行。以省耕斂。問疾苦。察豐凶矣。商時井田畫爲九區。區七十畝。外爲私田。中爲公田。八家各受一區耕之。而同事公田公田七十畝內以十四畝爲廬舍。故僅五十六畝。八家每耕公田七畝而已。賦稅用助。助者藉也。藉民力耕公田。以其收穫。即爲租稅。夏商田賦不同。此其大略也。

七十助法圖

七十畝	七十畝	七十畝
七十畝	公田 內以十四畝爲廬舍	七十畝
七十畝	七十畝	七十畝

第三節 七年旱災

湯以耕戰勝葛伯。大得諸侯和。惟其時天下苦旱。至七年之久。發莊山之金。鑄幣以賑民。又禱於桑林之野。曰。無以予一人之不敏。傷民之命。自責以六事。曰。政不節歟。民失職歟。宮室崇歟。女謁盛歟。苞苴行歟。讒夫昌歟。言未已。大雨方數千里。後世祈雨之事。自此始。雖然七年之中。民有不爲餓殍者。實伊尹作區田。有以禦之。尹生於空桑。耕於有莘。湯三聘。乃出任天下事。斷地為區。教民糞種。凡山陵傾阪。與田邱城上。皆務為之。又教民田頭鑿井。以便溉稼。禦旱濟時。法莫善焉。法以一畝之地。劃分町道。更析町而為溝區。分區種禾。各有尺度。負水澆之苗。得榮養。後增圖說附如左。

地一畝。闊十五步。每步五尺。計七十五尺。每行占地一尺五寸。該分五十行。長十六步。計八十尺。每行一尺五寸。該分五十三行。長闊相折。共二千六百五十區。空一行。種一行。隔一區種一區。除隔空外。每年只種二分五釐。歇地四年。周而復始。勻計每年可種六百六十二區半。每區深一尺。用糞與區土相和。布穀勻覆。以手按實。令土種相着。苗出。視稀稠存留。鋤不厭頻。旱則澆灌。結子時。鋤土壅根。以防風搖。古人依此布穀。每區收一斗。每畝可收六十餘石。（古斗斛一石約當今之二斗七升）

第四節　歷祀河患

古代水患。惟淮與河。禹導淮自桐柏。東會於泗沂。東入於海。淮患去。而淮南北之農利。焉治河及兗州。分爲九道。所以殺河溢。亦卽所以去河患也。乃至商時。仍不免屢決。仲丁以之遷囂。河亶甲復以之遷相。祖乙以之遷耿。河水復圮。又遷於邢。前後五十年。災見不一。農民因之失所。商道亦於是日衰。後至祖甲。久在田間。卽位後。能知小人之依。加以保惠。有殷一代。是爲賢君。

第四章　周

第一節　以農開國

周家八百年。所以成興王之業者。皆由稼穡艱難。有以致之。先是棄爲田正。子孫實世稷官。服事虞夏。傳至不窋。值夏道衰。去稷弗務。用失其官。竄於戎狄之間。再世有公劉者。徙於豳。復修舊業。百姓懷歸。周道之興。自此始。殷小乙時。古公亶父。克繼公劉。狄人侵之。勿忍戰以傷民。避居岐山下。民從之者如市。以其地有周原。遂改國號曰周。戎狄游牧之俗。因之一變。道日以興。後傳至文王。用平土之法。爲治人之道。見紂失政。行善以懷諸侯。有虞芮之君。爭田。久而不平。相與朝周。入境。見耕者讓畔。乃感。相謂曰。我等小人。不可履君子之庭。以所爭讓爲閒田。諸侯聞而歸之者四十餘國。至武王遂有天下。故有周一代。實以農事開基者也。

設官爲農莫備於周。如司徒定井牧。匠人治溝洫。縣師別田萊。司稼辨穜稑。遂人教稼穡。遂大夫修稼政。鄰長趣耕耨。載師徵惰遊。縣正定賞罰。里宰行秩敘。旅師省耕頒粟以周急。遂師巡野移民以救時。草人掌土化之法。稻人掌畜洩之宜。籥章主祈年。肆師主卜稼。此外守山林者有山虞林衡等官。守水產者有川衡澤虞等官。關於荒政者有大司徒等官。大司徒掌以荒政十二聚萬民。曰散財、薄征、緩刑、弛役、舍禁、去幾、省禮、殺哀、蕃樂、多昏、索鬼神、除盜賊。此皆救民於既荒者也。籌之於將荒。則有廩人掌九穀之數。備之於未荒。則有遺人掌邦之委積。其所以如是詳備者。皆無非重農意也。

第二節　重農設官

第三節　法制

周代法制。近監夏商。遠溯唐虞。集上古之大成者也。其詳善多爲後世所不及。茲分述之。

(一)田制　周承殷制用井田。惟每區凡百畝。其制九夫爲井。四井爲邑。四邑爲邱。四邱爲甸。四甸爲縣。四縣爲都。其溝洫耜廣五寸。二耜爲耦。一耦之伐。廣尺深尺。謂之甽。田首倍之。廣二尺。深二尺。謂之遂。九夫爲井。井間廣四尺。深四尺。謂之溝。方十里爲成。成間廣八尺。深八尺。謂之洫。方百里爲同。同間廣二尋。深二仞。謂之澮。專達於川。其田除天子親耕之籍田外。有宅田仕田賈田。以任近郊之地。有官田牛田賞田牧田。以任遠郊之地。有公邑田以任甸地。有家邑田以任稍地。有小都田以任縣地。有大都田以任疆地。其受法年二十而受。六十而歸。未成年者稱餘夫。則受田二十五畝。俟其壯有室。乃更受百畝。上田夫百畝。中田夫二百畝。下田夫三百畝。歲耕種者爲不易上田。休一歲者爲一易中田。休二歲者爲再易下田。三歲更耕之。自爰其處。其宅亦由官給。人得五畝。半在田而半在邑。皆不得私有。其受亦有定額。是故無失業之民。而亦無甚貧富。近世社會主義。不是過焉。

四井爲邑

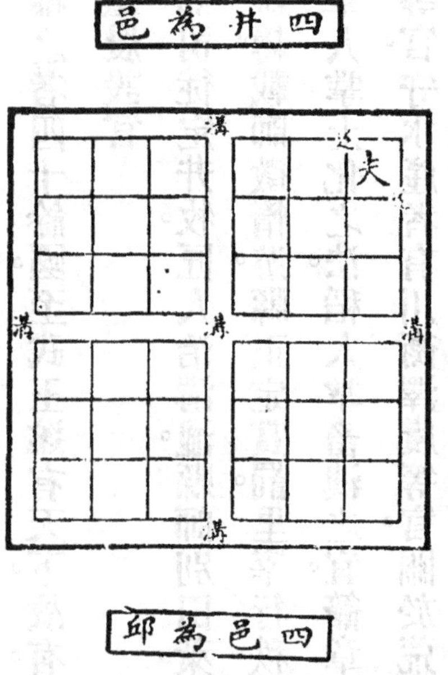

四邑爲邱

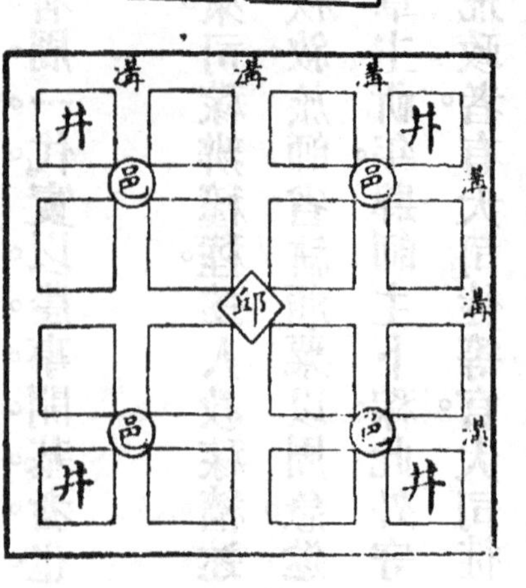

四邱為甸

四縣為都

四甸為縣

四都為同

（二）賦稅制　賦稅爲徹。徹者通也。通用貢助兩法也。都鄙地遠。年之豐歉無可徵。故用助。鄉遂地近。年之豐歉有可見。故用貢。皆所謂粟米之征也。尙有力役之征。歲用民力以役百役。然不過三日。年歉則遞減。有地宅稅。所謂布縷之征也。每家歲收絹布若干。他若山澤。漆林。關市。亦皆有征。山澤之征主蓄材。漆林之征主崇儉。關市之征主崇本。雖取諸民。而有深意存焉。故其時宅不毛者有里布。田不耕者出屋粟。民無職事者出夫家之征。所以警游惰也。又凡庶民不畜者祭無牲。不耕者祭無盛。不樹者無槨。不蠶者不帛。不績者不衰。蓋禁其令。用以辱之也。

（三）親耕親蠶　孟春天子擇元辰。親載耒耜。措之於三保介之御間。帥三公九卿諸侯大夫。躬耕帝籍。天子三推。三公五推。卿諸侯九推。以爲民率。后妃亦親蠶。爲民率。故天子諸侯。必有公桑蠶室。近川而爲之。築宮仞有三尺。及大昕之朝。君皮弁素積。卜三宮夫人世婦之吉者。使入蠶於蠶室。奉種浴於川。桑於公桑。風戾以食之。

第四節　學術

周禮六官。大半關於農學。近代學術雖精。而究其本原。多已爲周時所有。試分述之。

（一）土壤學　大司徒辨十有二壤之物而知其種。以教稼穡樹藝。以土會之法。辨五地之物生。五地謂山林川澤丘陵墳衍原隰。土會即總計之而定其數。今之土壤學不外是也。

（二）種子學　司稼掌巡邦野之稼而辨穜稑之種。周知其名與其所宜地以爲法而縣於邑。

（三）肥料學　草人掌土化之法。以物地相其宜而爲之種。凡糞種騂剛用牛。赤緹用羊。墳壤用麋。渴澤用鹿。鹹瀉用貆。勃壤用狐。埴壚用豕。彊㯺用蕡。輕爂用犬。蓋天下土性不同。有赤騂而性剛者。有赤緹而縓色者。有墳起而柔順者。有舊爲澤而今則渴者。有水已去而瀉鹵者。有勃壤而粉解者。有黏者。疏者。有堅强而不和柔者。有輕脆而不厚重者。化之之法。用牛犬等物。焚其骨爲灰。以漬種。則能變瘠爲肥。今之以化學。辨何種。肥料宜何種。土質。不是過也。

（四）農具學　遂大夫正歲簡稼器。修稼政。車人造農器。一曰耒耜。二曰鎡基。三曰錢鎛。

（五）農用工學　稻人掌稼下地。以瀦畜水。以防止水。以溝蕩水。以遂均水。以列舍水。以澮瀉水。以涉揚其芟作田。溝澮作用。今之排水法也。在去地中滯水。瀦遂作用。今之灌漑法也。在以水入田。

(六)農業作物學　太宰以九職任萬民。一曰三農生九穀。三農山農澤農平地農。九穀黍稷秫稻麻大小豆大小麥。

(七)工藝作物學　計分二種

(1)紡績料　掌葛掌以時徵絺綌之材於山農。凡葛征徵草貢之材於澤農。以當邦賦之政令。葛爲工藝作物之一種。莖可紡績布服。根可製造澱粉。絺綌即今之夏布也。

(2)染料　掌染草掌以春秋斂染草之物。染草、茅蒐橐蘆豕首紫茢之屬。豕首即豕絲子。紫茢即紫花也。

(八)園藝學　太宰以九職任萬民。二曰園圃毓草木。又場人掌國之場圃而樹之果蓏珍異之物。以時斂而藏之。

(九)畜產學　太宰以九職任萬民。四曰藪牧養蕃鳥獸。藪牧即今之牧場秣場也。牧場收牧草以供飼料。秣場則任草生長而驅食者。

十林學　計分二種

(1)林業法律　山虞。掌山林之政令。爲之厲而爲之守禁。仲冬斬陽木。仲夏斬陰木。凡服耜斬季材以時入之令萬民時斬材有期日凡邦工入山林而掄材不禁春秋之斬木不入禁。凡竊木者有刑罰。

(2)林業警察　林衡。掌巡林麓之禁令。而平其守。以時計林麓而賞罰之。若斬木材。則受法於山虞而掌其政令。

今之林業。有供營業建築用者爲經濟林。有防水旱災患用者爲保安林。經濟林按期採伐。保安林永不採伐。設官監督警察保護。當時之山虞林衡。殆無以異也。

(十一)水產學　澤虞喪紀共其葦蒲之事。歔人辨魚物爲鱻薨。蓋水產不獨魚貝。更有海草等植物。葦蒲可供編料。卽植物之有用者也。

(十二)牧草學　委人掌斂野之賦斂薪芻。凡蔬材木材。凡畜聚之物。注云。凡蔬材、草木有實者也。凡畜聚之物。瓜瓠葵芋禦冬之具也。

(十三)殖民學　遂人掌邦之野。以歲時稽其人民而授之田野。教之稼穡。又遂師巡其稼

穡而移用其民以救其時事所以謀厚民生擴充農界者制亦備矣非後世屯田可比也

第五節　土宜

周都岐豐東帶黃河南繞渭水地味既沃耕稼自宜東遷於洛尤屬膏腴其他九州之土亦莫不宜畜宜耕試證以今地分述之

東南曰揚州當今安徽江蘇及浙江江西其山鎮曰會稽澤藪曰具區川有三江浸有五湖畜宜鳥獸穀宜稻

正南曰荊州當今湖北及湖南其山鎮曰衡山澤藪曰雲夢川有江、漢浸有潁湛畜宜鳥獸穀宜稻

河南曰豫州當今河南及湖北其山鎮曰華山澤藪曰圃田（在中牟）川有滎、雒浸有波溠利林漆絲枲畜宜六擾（即六畜）穀宜五種

正東曰青州當今山東其山鎮曰沂山澤藪曰望者（即孟諸）川有淮、泗浸有沂、沭利蒲魚畜宜雞狗穀宜稻麥

河東曰兗州當今直隸及山東河南其山鎮曰岱山澤藪曰大野（在鉅鹿即南望湖）川有河、濟浸有

雷、雝。利蒲。魚。畜宜六擾。穀宜稻。黍。稷。麥。

正西曰雍州。當今陝西至甘肅。其山鎮曰嶽山。澤藪曰弦、蒲。川有涇、汭。浸有渭、洛。畜宜牛。馬。穀宜黍。稷。

東北曰幽州。當今直隸至奉天之半。其山鎮曰醫無閭。澤藪曰貕養。川有河、濟。浸有淄、時。利魚。鹽。畜宜馬。牛。羊。豕。穀宜黍。稷。稻。

河內曰冀州。當今山西及直隸。其山鎮曰霍山。澤藪曰陽紆。川有漳。浸有汾、潞。利松。柏。畜宜牛。羊。穀宜黍。稷。

正北曰并州。當今山西。其山鎮曰恒山。澤藪曰昭、餘祁。川有滹沱、嘔夷。浸有淶、易。利布。帛。畜宜馬。牛。羊。犬。豕。穀宜五種。

上列九州之地。並不廣遠。所謂西不盡流沙。南不盡衡山。東不盡東海。北不盡恒山。當周之時。邊徼固未盡闢。百粵亦未盡開也。然其間富於河流。利於農事。且有最饒沃之廣大平原。跨今直隸。山東。河南。安徽。江蘇。五省之地。及其他較小之平原。農地良美。此農業之所以著稱也。

第六節　蠶桑

周時。天下。無不蠶之女。觀敬姜曰。王后親織玄紞。公侯之夫人。加之以紘綖。卿之內子。爲大帶。命婦成祭服。列士之妻。加之以朝服。自庶士以下。皆衣其夫。社而賦事。烝而獻功。可以見矣。因是九州之內。亦無不蠶之地。所謂宅旁皆樹桑。蠶桑之重。固與農並也。至幽王嬖褒姒。乃休其蠶織。以圖公事。而亂起焉。試將當時治蠶桑之事。擇要記如左。

(1)蠶生未齊。未可食桑。多采蘩以飼之。蘩白蒿也。

(2)每年八月。卽預籌來歲治蠶之具。如取萑葦爲曲薄以棲蠶是也。

(3)每至蠶月。桑可連條而取。遠枝揚起者則伐之。而於小桑則但取其葉而存其條。

第七節　農產製造

(一)酒　農產製造。酒其一也。酒釀造。自儀狄。秫酒。作於少康。而製造之講求。則至周始詳。

(1)酒正掌酒之政令。以式法授酒材。辨五齊之名。曰泛齊。醴齊。盎(葱白色)齊。緹(紅赤色)齊。沈齊。辨三酒之物。曰事酒。昔酒。清酒。辨四飲之物。曰清。醫(釀粥爲之)、漿。酏(薄粥酒)。當時酒材。卽秫稻麴蘖之類。所謂齊者。作之有節度也。

(2)酒人。掌爲五齊三酒。祭祀則共之。共賓客之禮酒飲酒陳酒。凡酒入於酒府。酒人用造酒之人。酒人主造酒之人。酒府卽酒正之府也。

(3)漿人。掌共王之六飲、水、漿、醴、涼、醫、酏、共賓客之清醴醫酏糟。入於酒府。

又孟冬令有司秫稻必齊。麴蘗必時。湛熾必潔。水泉必香。陶器必良。火齊必得。兼用六物。酒官監之。無有差忒。

(二)醬　凡食物搗爛如泥。如用諸肉。雜粱麴鹽酒等物爲之者皆是也。

(1)醢人。掌共五齏七菹七醃三臡。賓豆王舉則共醢六十罋。賓客之禮共醢五十罋。

五齏者一曰昌本。昌蒲根也。二曰脾析。牛百合也。三曰蜃。大蛤也。四曰豚拍。豕肩也。五曰深蒲。葵始生者也。七菹謂韭菁茆葵芹箈筍。七醢謂醓醢蠃醢蠯醢蚳醢魚醢兔醢雁醢。三臡謂麋臡鹿臡麇臡。卽肉漿之有骨者也。

(2)醯人。掌共五齏七菹。王舉則共醯物六十罋。賓客之禮。共醯五十罋。醯卽今所謂醋。醯人所掌。蓋醬之用醯而成者也。

第八節　農用器具

神農發明耒耜而制未詳。周則車人爲耒庛。（耒下前曲接耜者）長尺一寸。中直者三尺三寸。上句者（人手執處）二尺二寸。自其庛緣其外以至於首以弦其內六尺六寸。堅地欲直庛。柔地欲勾庛。直庛則利推。勾庛則利發。耒下用金不歧頭。此外關於農用者尚有數種。

（一）鎡基及錢鎛　鎡基用以收穫。錢鎛用以耘耨。均木柄鐵爲之。鐵製農具自此始。

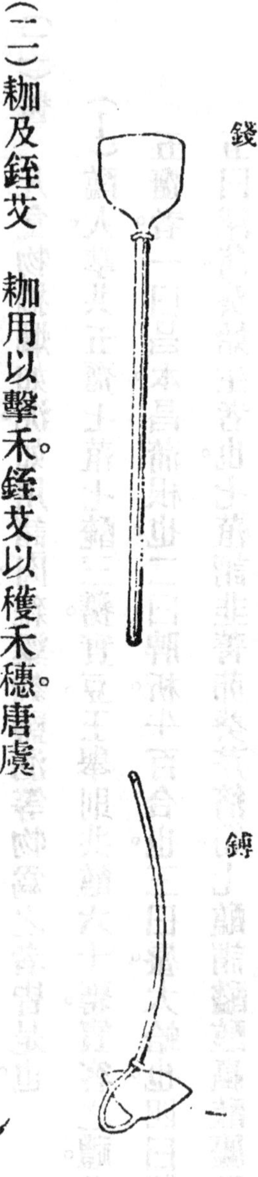

（二）耞及銍艾　耞用以擊禾。銍艾以穫禾穗。唐虞之世納銍。卽以銍表禾穗也。

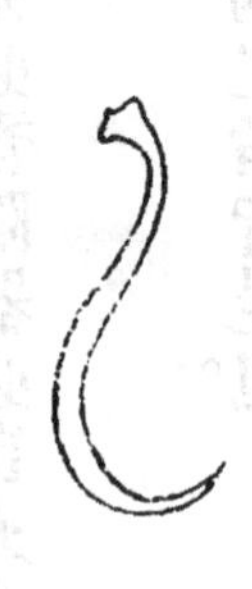

（三）筥　用以盛米。

（四）笲　用以盛棗栗之屬。

（五）筲　盛黍稷麥或盛飯。

（六）笱篧　漁具。

第九節 周公作無逸

周公相成王。以王未知稼穡之艱難。先陳七月之詩。使瞽矇朝夕賦誦。俾知后稷公劉風化之所由。後又在豐作無逸之書。以訓於王。其言曰。君子所其無逸。先知稼穡之艱難。則知小人之依。蓋以四民之事。莫勞於稼穡。生民之功。莫盛於稼穡。故訓無逸而首及之。又曰文王卑服。卽康功田功。康功所以安民。田功所以養民。故成王適於田。以其婦子之饁彼南畝。攘其左右而嘗其旨否。重農如此。田野治。黍稷豐矣。

第十節 宣王勤考牧

分田之制。必有萊牧之地。周置牧師以掌牧地。牧人以司養牲畜於田野。對於畜牧本甚重也。厲王時牧人廢。宣王又復之。故宣王雖不修藉於千畝。虢文公諫亦弗聽。而其時牧事有成。實爲特色。觀詩曰。誰謂爾無羊。三百維羣。誰謂爾無牛。九十其犉。羊以三百爲羣。其羣不可數也。牛之犉者九十。非犉者尙多也。又曰。爾羊來思。其角濈濈。爾牛來思。其耳濕濕。一種和。不相觸。潤澤。無病。情形可想。見當時養牧。得宜焉。

第五章 春秋戰國

第一節　管仲霸齊

管仲相齊桓公制國爲二十一鄉。工商之鄉六。士農之鄉十五。一鄉之中。民不雜處。無見異思遷之弊。有觀摩切磋之效。故當時之農。羣萃而州處。寒則擊草除田以待時耕。耕則深耕疾擾以待時雨。雨既至則挾其槍刈耨鎛。首戴茅蒲。身衣襏襫。霑體塗足。以從事於田野。少習心安。農之子。遂恒爲農。又重農以權穀幣。穀者民之司命也。幣者民之通貨也。故穀爲君。幣爲下。穀重則萬物輕。穀輕則萬物重。兩者不衡。立殺去商賈之利。而益農夫之事。則田野。闢。而農勸其事。又作內政以寄軍令。五家爲軌。軌爲之長。有戰事則五人爲伍。軌長率之。十軌爲里。里置有司。有戰事則五十人爲小戎。里有司帥之。四里爲連。連爲之長。有戰事則二百人爲卒。連長帥之。十連爲鄉。鄉有良人。有戰事則二千人爲旅。鄉良人率之。五鄉一帥。故萬人爲一軍。五鄉之帥帥之。春蒐振旅。秋獮治兵。此則仲所持之軍農主義。以致齊成霸業者也。

第二節　子產治鄭

子產。亦持軍農主義者也。其治鄭也。都鄙有章。上下有服。田有封洫。廬井有伍。行之一年。鄭人不便欲殺之及三年則歌而誦之弱小之鄭介兩大之間其所以能始終晏然不被兵革者要皆子產主張軍農之功也爲政凡數十年以名相論管仲之後一人而已至其開畝樹桑雖亦不免鄭人之謗而要足爲重農之一證

第三節　文公救亡

春秋之世列國多被異族侵侮衞自懿公滅於狄遺民數千流離載道戴公立樓於下邑文公立徙於楚邱布衣帛冠與平民等而其救亡政策首在訓農農殖之而後工作商通財貨內流阜爲國用故元年革車三十乘季年乃三百乘卒收再興之功詩云靈雨既零命彼倌人星言夙駕說於桑田卽以美衞文勸相之勤至云騋牝三千云樹之榛栗椅桐梓漆又可見訓農要點在樹與畜焉

第四節　文侯致富

春秋以後六國強盛而魏尤富盛一時蓋文侯能用人四方賢士多歸之李悝西門豹皆最著者也考其政績要皆與農事有關記如左

（一）李悝盡地力　悝之言曰地方百里除山澤居一三分去一爲田六百萬畝治田勤謹

則畝益三斗。不勤則損亦如之。地方百里之增減。輒爲粟百八十萬石矣。又曰。糴甚貴傷民。甚賤傷農。民傷則離散。農傷則國貧。故甚貴與甚賤。其傷則一。遂爲文侯作平糴法。大熟上糴三而舍一。中熟糴二。下熟糴一。使民適足平價而止。小飢則發小熟之斂。中飢發中熟。大飢發大熟以糴之。雖遇飢饉。民亦無傷。言荒政者。除上古有預備法外。實莫善於此。

（二）西門豹興水利　井田廢。溝澮湮。水利之作。實爲農本。西門豹治鄴。鑿十二渠。引河水灌田。當時人苦役。豹曰。百歲後。父老子孫思我。河內之民。果得其利。水利之說。自此興焉。

第五節　商鞅變法

商鞅。以農戰強國者也。讀其開塞耕戰書。大可見矣。先是秦孝公爲六國所擯。發憤修政。求賢自佐。衞公孫鞅聞之。乃西入秦。孝公以爲左庶長。定變法之令。大小僇力本業。耕織致粟帛多者。復其身。事工商末利。及怠而貧者。舉以爲孥。孥除籍也。戶籍之法。自此始。農有法律。亦自此始。其廢井田。開阡陌。雖不免起兼并之患。而貧富不平。然亦有數利焉。當時田野盡闢。歲入增而國用饒。一也。向時貴族有采地分邑。得自設官而收其賦。平民附屬其下。不齒爲其子民。無敢與之抗顔行者。至此田地任民種植。不限多寡。爲個人私產。得以買賣。貴族所藉以馭平民之具。於是乎失。二也。我國農業情事。常在不變之狀態。此則於歷史上實爲一。大。變。遷。卽。於。農。業。上。自。有。一。發。達。企。圖。三。也。

第六節　孫叔敖作陂

畜水曰陂。所以漑田也。春秋時楚令尹孫叔敖。決期思之水。灌雩婁之田。名期思陂。亦名芍陂。因淝水東北。經白芍亭下。東注爲湖。故也。又引滍水作陽泉陂。大業陂。此皆在淮南者。淮北則作驛馬溝。以洩潦水。關係農田。均非淺鮮。史稱叔敖相楚。施教導民。良有以也。

第七節　鄭國爲渠

鄭國。韓之水工也。韓聞秦之好興事。欲疲之。使無東伐。乃用國爲閒。說秦令開涇水。自中山西抵瓠口爲渠。並北山東注洛。三百餘里。中作而覺。秦欲殺之。國曰臣爲韓延數年之命。然渠成亦秦萬世之利也。乃使卒爲之。注塡閼之水。漑舄鹵之地。四萬餘頃。收皆畝一鍾。由是關中爲沃野。無凶年。秦以富饒。名曰鄭國渠。

第八節　甯戚相牛

牛主耕。人多重之。衞人甯戚古之善相牛者也。其相牛經曰。牛岐胡有壽。（岐胡牽兩腋亦分爲三也）眼去角近。行駛。眼欲得大。眼中有白脈貫童子。最快。二軌齊者快。（鼻至髀爲前軌髀至䯊爲後軌）頸骨長且大。快。壁堂（脚股門）欲得闊。倚欲得如絆馬。聚而正也。莖欲得小。膺庭（胸前也）欲得廣。天關（脊接骨也）欲得成。儁骨欲得垂。洞胡無壽。（洞胡從頸至臆也）旋毛在珠淵無壽。上池（兩角中也）有亂毛起。妨主。倚脚不正。有勞病。角冷有病。毛拳有病。毛欲得短密。若長疏不耐寒氣。耳多長毛。不耐寒熱。單膂無力。有生癖卽決者。有大勞病。尿射前脚者快。直下者不快。亂睫者牴人。後脚曲及直。並是好相。直尤勝。進不甚直。退不甚曲。爲下。行欲得似羊。頭不用多肉。臀欲方。尾不用至地。至地少力。尾上毛少骨多者有力。膝上縛肉欲得硬。角欲得細。橫豎無在大。身欲得促。形欲得如卷。插頸欲得高。又曰。體欲得緊。大膁疏肋難飼。龍頭突目好跳。鼻如鏡難牽。口方易飼。蘭株（尾株）欲得大。豪筋（脚後橫筋）欲得成就。豐岳（膝株骨）欲得大。蹄欲得豎。垂星欲得有努肉。（垂星蹄上也肉覆蹄間謂之努肉）力柱欲得大而成。肋欲得密。肋骨欲得大而張。髀骨欲得出儁骨上。易牽則易使。難牽則難使。泉根不用多肉及毛。懸蹄欲得橫。陰虹屬頸。行千里。陽鹽（夾尾株前兩膁）欲得廣。當陽鹽中間脊骨欲得窋。常似鳴者有黃。戚以此相牛。千百不失。此後人所以多傳也。

第九節　孫陽相馬

馬爲家畜中之最重要者種類不一。效用亦多。周時校人辨六馬。本有種馬戎馬齊馬道馬田馬駑馬之分。至相馬之法。則莫善於孫陽。其著有相馬經曰馬頭爲王欲得方目爲丞相欲得光。脊爲將軍欲得强。腹爲城郭欲得張。四下爲令欲得長。眼欲得高匡。睛欲得紫豔光。鼻孔欲得大。鼻頭有火王字。口中欲得赤。膝骨圓而張。耳欲得相近而前豎。小而厚。凡相馬之法。先除三羸五駑。乃相其餘。大頭小頸一羸。弱脊大腹二羸。小頸大蹄三羸。大頭緩耳一駑。長頸不折二駑。短上長下三駑。大胳短脇四駑。淺髖薄髀五駑。騮馬、驪馬、鹿毛、闕黃馬。驒駱馬。皆善馬也。又曰膺門前胸也欲開。汗溝中脊也欲深。又曰膝如團麯。三軍莫逐。但知所發。不知所宿。又曰倦而不起。骨勞。起而不振。皮勞。振而不噴。氣勞。食有三芻。飲有三時。又曰目成人者。生墮地無毛。及蘭筋豎者。皆千里。同時有九方皐者。亦以善相馬名。可知我國馬學自古有之。

第十節　陶朱公養魚

范蠡仕越。既雪會稽之恥。自與其私徒屬。乘扁舟。浮海以行。變名易姓。適齊爲鴟夷子皮。耕於海畔。苦身戮力之陶爲朱公。復耕畜廢居。無何致貲累巨萬。魯人猗頓聞其富而問術焉。其言曰。子欲速富當畜五牸。(牛馬猪羊驢五畜之牸)而綜其治生之法有五。水畜實第一。水畜魚也。以六畝地爲池。池中有九州。求懷子鯉魚長三尺者二十頭。牡鯉魚長三尺者四頭。以二月上庚日內池中。令水無聲。魚必生。至四月內一神守。六月內二神守。八月內三神守。神守者鼈也。內鼈則魚不復飛去。在池中周繞九州無窮。自謂游江湖也。至來年二月。得魚長一尺者一萬五千。三尺者五千。二尺者萬。直五千。得錢一百二十五萬。至明年。一尺者十萬。二尺者五萬。三尺者五萬。四尺者四萬。留長二尺者二千作種。所餘皆貨。得錢五百十萬。候至明年。不可勝計。故陶朱公者。實我國農之主畜者也。後人依法爲池養魚。必大豐足。誠無貲之利矣。

第十一節 月令

月令爲呂不韋私家著作。記六國時秦之政令者也。中以二十四節爲主。而大部份皆關於農。述如左。

孟春之月。日在營室。昏參中。旦尾中。東風解凍。蟄虫始振。魚上冰。獺祭魚。候雁北。是月也。天子乃以元日。祈穀於上帝。乃擇元辰。天子親載耒耜。措之於參保介之御間。帥三公九卿諸侯大夫。躬耕帝藉。天子三推。三公五推。卿諸侯九推。反執爵於太寢。三公九卿諸侯大夫皆御。命曰勞酒。是月也。天氣下降。地氣上騰。天地和同。草木萌動。王命布農事。命田舍東郊。皆修封疆。審端徑術。善相丘陵阪險原隰。土地所宜。五穀所殖。以教道民。必躬親之。田事既飭。先定準直。農乃不惑。是月也。乃修祭典。命祀山林川澤。犧牲毋用牝。禁止伐木。毋覆巢。毋殺孩蟲胎夭飛鳥。毋麛毋卵。毋聚大衆。毋置城郭。掩骼埋胔。孟春行夏令。則雨水不時。草木蚤落。國時有恐。行秋令。則其民大疫。飇風暴雨總至。藜莠蓬蒿並興。行冬令。則水潦爲敗。雪霜大摯。首種不入。　仲春之月。日在奎。昏弧中。旦建星中。始雨水。桃始華。倉庚鳴。鷹化爲鳩。是月也。日夜分。雷始發聲。始電。蟄蟲咸動。啓戶始出。先雷三日。奮木鐸以令兆民曰。雷將發聲。有不戒其容止者。生子不備。必有凶災。日夜分。則同度量。鈞衡石。角斗甬。正權概。是月也。耕者少舍。乃修闔扇。寢廟畢備。毋作大事。以妨農之事。是月也。毋渴川澤。毋漉陂池。毋焚山林。天子乃鮮羔開冰。仲春行秋令。則其國大水。寒氣總至。寇戎來征。行冬令。則陽氣不勝。麥乃不熟。民多相掠。行夏令。則國乃大旱。暖氣早來。蟲螟爲害。　季春之月。日在胃。昏七星中。旦牽牛中。桐始華。田鼠化爲鴽。虹始見。萍始生。天子薦鮪於寢廟。乃爲麥祈實。是月也。生氣方盛。陽氣發泄。勾者畢出。萌者盡達。不可以內。是月也。令司空曰。時雨將降。下水上騰。循行國邑。周視原野。修利隄防。道達溝瀆。開通道路。毋有障塞。田獵罝罘羅網畢翳餧獸之藥。毋出九門。是月也。命野虞毋伐桑柘。鳴鳩拂其羽。戴勝降於桑。具曲植籧筐。后妃齋戒。親東鄉躬桑。禁婦女毋觀。省婦使以勸蠶事。既登。分繭稱絲效功。毋有敢惰。是月也。命百工審五庫之量。金鐵皮革筋角齒羽箭幹脂膠丹漆。毋或不良。是月也。乃合累牛騰馬。游牝於牧。犧牲駒犢。舉書其數。命國儺。九門磔攘。以畢春氣。季春行冬令。則寒氣時發。草木皆肅。國有大恐。行夏令。則民多疾疫。時雨不降。山林不收。行秋令。則天多沉陰。淫雨早降。兵革並起。

孟夏之月。日在畢。昏翼中。旦婺中。螻蟈鳴。蚯蚓出。王瓜生。苦菜秀。是月也。繼長增高。毋有壞墮。毋起土工。毋發大衆。或伐大樹。是月也。天子始絺。命野虞出行田原。爲天子勞農勸民。毋或失時。命司徒循行縣鄙。命農勉作。毋休於都。是月也。驅獸毋害五穀。毋大田獵。農乃登麥。是月也。聚畜百藥。靡草死。麥秋至。孟夏行秋令。則苦雨數來。五穀不滋。四鄙入保。行冬令。則草木蚤枯。後乃大水。敗其城郭。行春令。則蝗蟲爲災。暴風來格。秀草不實。　仲夏之月。日在東井。昏亢中。旦危中。小暑至。螳螂生。鵙始鳴。反舌無聲。天子命有司。爲民祈祀山川百源。祀百辟卿士有益於民者。以祈穀實。是月也。農乃登黍。天子乃以雛嘗黍。羞以含桃。令民毋艾藍以染。毋燒灰。毋暴布。門閭毋閉。游牝別羣。縶騰駒。班馬政。是月也。日長至。陰陽爭。死生分。鹿角解。蟬始鳴。半夏生。木槿榮。仲夏行冬令。則雹凍傷穀。道路不通。暴兵來至。行春令。則五穀晚熟。百螣時起。其國乃飢。行秋令。則草木零落。果實早成。民殃於疫。　季夏之月。日在柳。昏火、中。旦奎中。溫風始至。蟋蟀居壁。鷹乃學習。腐草爲螢。天子命漁師伐蛟取鼉登龜取黿。命澤人納材葦。是月也。樹木方盛。命虞人入山行木。無有斬伐。不可以興土工。不可以合諸侯。不可以起兵動衆。毋舉大事。以搖養氣。毋發令而待。以妨神農之事也。水潦盛昌。神農將持功。舉大事則有天殃。是月也。土潤溽暑。大雨時行。燒薙行水。利以殺草。如以熱湯。可以糞田疇。可以美土疆。季夏行春令。則穀實鮮落。國多風欬。民乃遷徙。行秋令。則丘隰水潦。禾稼不熟。行冬令。則風寒不時。鷹隼蚤鷙。四鄙入保。

孟秋之月。日在翼。昏建星中。旦畢中。涼風至。白露降。寒蟬鳴。鷹乃祭鳥。是月也。農乃登穀。天子嘗新。命百官始收斂。完隄防。謹壅塞。以備水潦。孟秋行冬令。則陰氣大勝。介蟲敗穀。戎兵乃來。行春令。則其國乃旱。陽氣復還。五穀無實。行夏令。則國多火災。寒熱不節。民多瘧疾。

仲秋之月。日在角。昏牽牛中。旦觜觿中。盲風至。鴻雁來。元鳥歸。羣鳥養羞。是月也。可以築城郭。建都邑。穿竇窖。修囷倉。乃命有司。趨民收斂。務畜菜。多積聚。乃勸種麥。毋或失時。其有失時。行罪無疑。是月也。日夜分。雷始收聲。蟄蟲坏戶。殺氣浸盛。陽氣日衰。水始涸。仲秋行春令。則秋雨不降。草木生榮。國乃有恐。行夏令。則其國乃旱。蟄蟲不藏。五穀復生。行冬令。則風災數起。收雷先行。草木蚤死。　季秋之月。日在房。昏虛中。旦柳中。鴻雁來賓。雀入大水爲蛤。菊有黃華。豺乃祭獸戮禽。是月也。令冢宰。農事備收。舉五穀之要。藏帝籍之收於神倉。祗敬必飭。是月也。大饗帝。嘗犧牲。告備於天子。合諸侯。制百縣。爲來歲受朔日。與諸侯所稅於民輕重之法。貢職之數。以遠近土地所宜爲度。是月也。草木黃落。乃伐薪爲炭。蟄蟲咸俯在內。皆墐其戶。季秋行夏令。則其國大水。冬藏殃敗。民多鼽嚏。行冬令。則國多盜賊。邊境不寧。土地分裂。行春令。則煖風來至。民氣解惰。師興不居。

孟冬之月。日在尾。昏危中。旦七星中。水始冰。地始凍。雉入大水爲蜃。虹藏不見。是月也。天子始裘。命有司曰。天氣上騰。地氣下降。天地不通。閉塞而成冬。命百官謹蓋藏。命有司循行積聚。無有不斂。是月也。天子乃祈年於天宗。大割祠於公社。及門閭。臘先祖五祀。勞農以休息之。是月也。乃命水虞漁師。收水泉池澤之賦。毋或敢侵削衆庶兆民。以爲天子取怨於下。其有若此者。行罪無赦。孟冬行春令。則凍閉不密。地氣上泄。民多流亡。行夏令。則國多暴風。方冬不寒。蟄蟲復出。行秋令。則雪霜不時。小兵時起。土地侵削。

仲冬之月。日在斗。昏東壁中。旦軫中。冰益壯。地始坼。鶡鴠不鳴。虎始交。天子命有司曰。土事毋作。愼毋發蓋。毋發室屋。及起大衆。以固而閉。地氣沮泄。是謂發天地之房。諸蟄則死。民必疾疫。又隨以喪。命之曰暢月。命大酋。秫稻必齊。麴糵必時。湛熾必潔。水泉必香。陶器必良。火齊必得。兼用六物。大酋監之。毋有差貸。天子命有司。祈祀四海大川名源淵澤井泉。是月也。農有不收藏積聚者。馬牛畜獸有放佚者。取之不詰。山林藪澤。有能取蔬食田獵禽獸者。野虞教道之。其有相侵奪者。罪之不赦。是月也。日短至。陰陽爭。諸生蕩。芸始生。荔挺出。蚯蚓結。麋角解。水泉動。日短至。則伐木取竹箭。仲冬行夏令。則其國乃旱。氛霧冥冥。雷乃發聲。行秋令。則天時雨汁。瓜瓠不成。國有大兵。行春令。則蝗蟲爲敗。水泉咸竭。民多疥癘。

季冬之月。日在婺女。昏婁中。旦氐中。雁北鄉。鵲始巢。雉雊雞乳。是月也。命漁師始漁。天子親往。乃嘗魚。水方盛。水澤腹堅。命取冰。冰以入命告民出五種命農計耦耕事修耒耜具田器乃命四監收秩薪柴以供郊廟及百祀之薪燎是月也專而農民毋有所使天子乃與公卿大夫共飭國典論時令以待來歲之宜凡在天下九州之民者無不咸獻其力以供皇天上帝社稷寢廟山林名川之祀季冬行秋令則白露早降介蟲爲妖四鄙入保行春令則胎夭多傷國多固疾命之曰逆行夏令則水潦敗國時雪不降冰凍消釋

第十二節　教育

古之教者家有塾黨有庠州有序國有學二十五家爲閭同在一巷設塾於巷首之門側以教二十五家之子弟五百家爲黨閭塾所升之人則教之黨庠二千五百家爲州黨庠所升之人則教之州序然惟國學有司樂司成專主教事州閭鄉黨之學則由州長黨正主之州長各掌其州之政教卽一州之師也黨正各掌其黨之政教亦卽一黨之師也下之爲閭胥比長莫不皆然故其時人幾無不學學幾無不農學則游周黨之序農則爲井邑之耕勸學教之以游藝勸農教之以稼穡教育之發達可以見矣於斯時也士藏於農農卽爲士士與農固不分也若專以農言則舉禾麻菽麥秬秠穈芑之宜何土地方苞種褎發秀穎實之序

有前後以及去螟螣蟊賊殺草木糞田疇等事凡穫稻之夫耘耔之子莫不能詳其說能窮其理後至春秋所謂老農老圃者亦皆習聞其本末源流此樊遲請學稼圃所以孔子謂爲不如亦以當時躬耕之士如長沮桀溺冀缺荷蓧丈人等皆講求有素者也又誰謂我國農無教育哉。

第十三節　學說盛行

時至戰國。孟子論說王道丁寧反覆。皆不外夫耕婦織、五雞二彘。無失其時。老者衣帛食肉。黎民不飢不寒數十語表示重農已無疑義然究不得謂爲農家也農家者流各有其說記如左。

（一）神農書　六國諸子。疾時怠於農業。道耕農事。託之神農有八穀生長及占、數法、教求雨、等篇。皆可考。八穀生長一篇。差爲完具述之可明當時學說有如此者。

禾生於棗。出於上黨羊頭之山右谷中。生七十日秀。六十日熟。凡一百三十日成。忌於寅卯。　黍生於榆。出於大梁之山左谷中生六十日秀四十日熟凡一百日成。忌於丑。　大豆生於槐。出於沮石之山谷中。九十日華。六十日熟凡一百五十日成。忌於卯。　小豆生於李。出於農石之山谷中。生六十日華。五十日熟。凡一百一十日成。忌於卯。　秫生於楊。出於農石之山谷中。生七十日秀。六十日熟。凡一百三十日成。忌於午。　蕎麥生於杏出於農石之山谷中。生二十五日秀。五十日熟。凡七十五日成。忌於子。　麻生於荊出於農石之山谷中。生七十日秀。六十日熟。凡一百三十日成。忌於未午辰亥日。　小麥生於桃。出須石之山谷中。生二百日秀。六十日熟。凡二百六十日成。忌於子。　稻生於柳。出於農石之山谷中。生八十日秀。七十日熟。凡一百五十日成。忌於亥。　五穀生長日種者多實。以老死日種者無實又難生。以忌日種之。一人不實。　禾生於巳。疾於酉。長於子。老於戌。惡於丙丁。忌於寅卯。　黍生於寅。疾於午。長於丙丁。老於戊。死於申。惡於壬。忌於丑。　豆生於申。疾於子。長於壬。老於丑。惡於甲乙。忌於丙丁。　麥生於酉。疾於卯。長於辰。老於午。死於巳。惡於戌。忌於子。　太歲在四孟。葶藶子熟時可種禾豆。夏至時百五十日。地氣上時可種麥。丑未辰戌是也。　太歲在四仲。椹熟時可種禾豆。夏至可種麥麻。夏至後九十日。地氣上可種麥。子午卯酉是也。　太歲在四季。以蠶臥起時可種禾豆。夏至前五十日可種稻黍。糜夏至後八十日。地氣上可種麥。寅申巳亥是也。

(二)野老書　年老居田野。相民耕種。故號野老。有上農任地辨土審時四篇。皆可考。呂氏春秋多載之。審時篇中論得時失時。形色情狀。洵非老農不能道。爰錄於後。

凡農之道。厚之爲寶。斬木不時。不折必穗。稼就而不穫。必遇天菑。夫稼爲之者人也。生之者地也。養之者天也。是以人稼之容足。耨之容耰。據之容手。此之謂耕道。是故得時之禾。長稠長穗。大本而莖殺。疏穖而穗大。其粟圓而薄糠。其米多沃而食之彊。如此者不風。先時者莖葉帶芒以短衡。穗鉅而芳奪。秮米而不香。後時者莖葉帶芒而末衡。穗銳而青零。多粃而不滿。得時之黍。芒莖而徼下。穗芒以長。摶米而薄糠。舂之易而食之不噮而香。如此者不飴。先時者大本而華。莖殺而不遂。葉藁短穗。後時者小莖而麻長。短穗而厚糠。小米鉗而不香。得時之稻。大本而莖葆。長稠疏穖。穗如馬尾。大粒無芒。摶米而薄糠。舂之易而食之香。如此者不益。先時者大本而莖葉格對。短稠短穗。多粃厚糠。薄米多芒。後時者纖莖而不滋。厚糠多粃。庭辟米不得恃定熟。卬天而死。得時之麻。必芒以長。疏節而色陽。小本而莖堅。厚枲以均。後熟多榮。日夜分復生。如此者不蝗。得時之菽。長莖而短足。其莢二七以爲族。多枝數節。競葉蕃實。大菽則圓。小菽則摶以芳。稱之重。食之息以香。如此者不蟲。先時者必長以蔓。浮葉疏節。小莢不實。後時者短莖疏節。本虛不實。得時之麥。稠長而莖黑。二七以爲行。而服薄糕而赤色。稱之重。食之致香以息。使人肌澤且有力。如此者不蚼蛆。先時者暑雨未至。胕動蚼蛆而多疾。其次羊以節。後時者弱苗而穗蒼狼。薄色而美芒。是故得時之稼興。失時之稼約。莖相若。稱之得時者重。粟之多。量粟相若而舂之。得時者多米。量米相若。而食之得時者忍飢。是故得時之稼。其臭香。其味甘。其氣章。百日食之。耳目聰明。心意睿智。四衛變強。殈氣不入。身無苛殃。黃帝曰。四時之不正也。正五穀而已矣。

此外若范子計然十五卷。熟悉物情。善觀時變。其說亦有不可沒者。而同時學說之最足研究者。莫過於許行。一派許行爲神農之言。自楚之滕。願受一廛爲氓。陳相與弟辛棄所學而學焉。其主義在自食其力。故其徒數十人。皆衣褐。捆屨織席以爲食。在均田均耕。故陳相見孟子。道許行之言曰。滕君則誠賢君也。雖然未聞道也。賢者與民並耕而食。饔飧而治。今也滕有倉廩府庫。則是厲民而以自養也。烏得賢。與近世共產主義。殆無以異也。從許子之道。則市價不二。國中無僞。雖使五尺之童適市。莫之或欺。布帛長短同。則價相若。麻縷。絲絮。輕重同則價相若五穀多寡同則價相若屨大小同則價相若卽所謂互助之社會也惟許陳之書籍不傳致其學說湮沒爲可惜矣他若諸家之單辭雜說散見於各書者尙爲不少管子地員等篇。商君開塞耕戰等篇。亢倉子農道篇。皆最著者也。

第十四節　器具改良

春秋戰國時農具。不少發明。如以木爲機。挈水若抽。是爲桔槔。鑿石上下。合硏米麥成粉。是爲磨。編竹附泥。破穀出米。是爲礱。礱爲魯巧人公輸般所作。而最有改良價値者。莫過於犂。牛。蓋三代以上。耕用耒耜。二耜爲耦。皆人力也。至春秋時。稷裔孫叔均。改用犂牛耕。以代人力。後世因之。利莫大焉。所謂服牛之功。實勝耕耦也。我國之有畜力耕器。自此始。此外叔均又作耖耙等具。以疏通田泥。附圖及製造法如左。

犂之製造　犂爲墾田器。冶金而爲之曰犂鑱。曰犂壁。斲木而爲之曰犂底。曰壓鑱。曰策額、犂箭、犂轅、犂梢、犂評、犂建、犂槃。木金凡十有一事。起土者鑱也。覆土者壁也。故鑱引而居下。壁偃而居上。鑱之次曰策額。自策額達犂底。縱而貫之曰箭。前如桯而樛者曰轅。後如柄而喬者曰梢。轅有越。加箭可弛張焉。轅之上又有如槽形。亦加箭焉。刻爲級。前高而

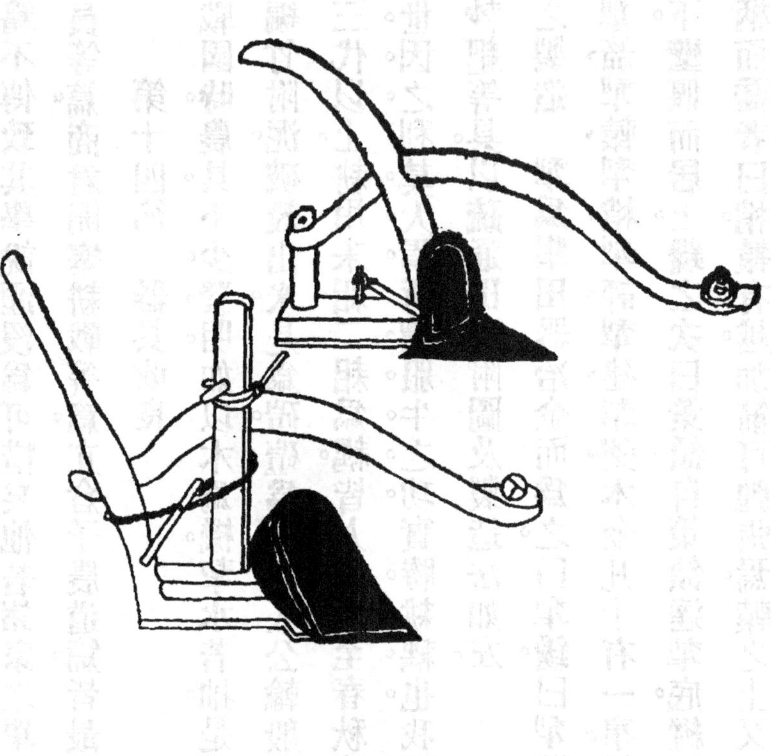

後卑。所以進退曰評。進則箭下入土深。退則箭上入土淺。評之上曲而衡之者曰建。所以抳其轅與評。橫於轅之前末曰槃。言可轉也。轅之後末曰梢。中在手。所以執耕者也。鑱長一尺四寸。廣六寸。壁廣長皆尺。微橢。底長四尺。廣四寸。評底過壓鑱二尺。策領減壓鑱四寸。廣狹與底同。箭高三尺。評尺有三寸。槃增評尺七焉。建惟稱。轅長九尺。梢得其半。轅至梢中閒掩四尺。犁之終始丈有二。

耖之制造 耖爲通田泥器。高約三尺許。廣四尺。上有橫柄。下有列。以兩手按之。前用畜力挽行。一耖用一人牛。有作連耖者。則二人二牛。

方耙

耙之制造耙桯長五尺。闊約四寸。兩桯相離五寸許。桯上相間。各鑿方竅。以納木齒。齒長六寸許。桯兩端木栝。長尺有三。前梢微昂。穿兩木搊以繫牛輓鉤索。此方耙也。

第二編　變遷及維持時代

自秦至唐是爲中世期

秦用商鞅之法。廢井田開阡陌。爲我國農業史上一大變遷。漢去古未遠。文帝有其時而不爲。唐之太宗銳意復古可爲矣。而無其臣。新莽非其人。周世宗非其時。故井制卒不可復。兼幷之患。起人每病之。然其實與農業廢興固無甚關係。我國自有史以來。各種事業多墨守舊法。不知變更進步。濡緩實爲一大原因。則此等變遷。當認爲有企圖發達之意者也。且其間賢臣名士。後先輩出。對於農業上言論事迹。罔皆有可觀。而實際之學。以及器械精進。產物流通。尤足稱一時特色。斯時也。雖較上世期無甚進步。而尚克維持。是爲維持時代。漢代國家敦本厚俗無論矣。卽自三國至隋四百餘年間。亂日多治日少。所謂刀兵時代。諸業衰敗。而農獨得保護。何者。饟餉之源在農。戰前宜籌軍餉。戰後尤宜籌民生。計究不可須臾廢也。故惟軍事繁。庶農事必接踵而起。觀武侯殖穀務農以强蜀。棗祗屯田以資魏。陸遜增廣農畝。吳王權父子親受田。車中八牛以爲四耦。大可見矣。後至李唐。事更足多。太宗詔民有見業農者。不得轉爲工賈。工賈有舍現業而力田者。免其調。高宗玄宗皆行躬耕之禮。玄宗且親率太子芟麥於苑中。德宗朝。宰相李泌請令百官進農書。而以教育言。則太學國子學。每歲五月。皆以農忙放假。謂之田假。唐代趨重農業。尤可見一斑。

第一章　秦

第一節　重樹畜

秦以農戰幷天下。故其時工商。雖同受摧落。而農實務之。其所注重。分為兩途。

（一）樹藝　李斯請始皇詔史官非秦記皆燒。而不去種樹之書。留令士人讀之。知崇實務農。後之人能著書立說放農界光明者。未始非斯之賜也。則其留傳實學之功。要不得以其焚書而沒之。

（二）畜牧　秦祖伯翳以牧得封。畜牧之業。本秦所專。烏倮氏畜牧及衆。易求繒物。間獻戎王。什倍償與牛馬之畜無數。以山谷為量。秦王聞之。令比封君。時與列臣朝請。封建雖廢。而特封農家。非寵烏倮。實重農業。祖龍於此。殆有鑑。空文遊說。足為亂源焉。

第二節　開蜀渠

秦平天下。以李冰為蜀守。冰壅江水作堋。穿二江成都中。雙過郡下。以通州船。因以灌溉諸郡。千里沃野。號爲陸海。民到於今利之。是亦農業史上興水利之最著者。嘗作石犀五以壓水。因名石犀渠。即今之郫江也。

第三節　苛田稅

古時田皆國有。至人民成丁時則授之。沒則還之。三代之制皆如此。惟田之多寡不同耳。自秦令民自具頃畝實數。田得兼幷。授田之制始廢。其時民田多者。連阡累陌。以千畝爲畔。貧人至無立錐。往往處於閭左。爲富戶之佃。十分中以五輸田主。所謂見稅十五。視井田之稅殆五倍焉。恆產既無。而征斂之苛。刑罰之嚴。又從而迫之。斂手重足。無所逃死。困則思亂。此斬木揭竿之事起。所以天下翕然從之也。

第二章　漢

第一節　詔制

楚殪漢興。君臣咸孜孜於農。一時重農政策。遠過於秦。觀文帝所下諸詔。力田之外無他語。減租之外無異詞。固大可見。嗣後諸帝亦多注重。記其詔制如左。

文帝二年詔曰。夫農天下之本也。其開藉田。朕親率耕。以給宗廟粢盛。民讁作縣官及貸種食未入入未備者皆赦之。又曰。農天下之大本也。民所恃以生也。而民或不務本而事末。故生不遂。朕憂其然。故今茲親率羣臣農以勸之。其賜天下民今年田租之半。　十二年詔曰。道民之路。在於務本。朕親率天下農十年於今。而野不加闢。歲一不登。民有飢色。是從事焉尚寡。而吏未加務也。吾詔書數下。歲勸民種樹。而功未興。是吏奉吾詔不勤。而勸民不明也。且吾農民甚苦。而吏莫之省。將何以勸焉。其賜農民今年租稅之半。又曰。孝悌天下之大順也。力田爲生之本也。三老衆民之師也。廉吏民之表也。朕甚嘉此二三大夫之行。今萬家之縣。云無應令。豈實人情。是吏舉賢之道未備也。置三老孝悌力田常員。　十三年詔曰。朕親率天下農耕以供粢盛。皇后親桑以奉祭服。其具禮儀。又曰。農天下之本。務莫大焉。今廑身從事。而有租稅之賦。是謂本末者無以異也。其於勸農之道未備。除田之租稅。賜天下孤寡布帛絮各有數。　後元年詔曰。夫度田非益寡。而計民未加益。以口量地。其於古猶有餘。而食之甚不足者。其咎安在。無乃百姓之從事於末以害農者蕃。爲酒醪以靡穀者多。六畜之食焉者衆與。細大之義。吾未能得其中。其與丞相列侯吏二千石博士議之。有可以佐百姓者。率意遠思。無有所隱。

景帝詔曰。朕親耕。后親桑。布告天下。使明知朕意。又曰。農天下之本也。黃金珠玉。飢不可食。寒不可衣。以爲幣用。不識其終始。間歲或不登。意爲末者衆。農民寡也。其令郡國務勸農桑。益種樹。可得衣食物。

昭帝詔曰。天下以農桑爲本。日者省用。罷不急官。減外繇。耕桑者益衆。而百姓未能家給。朕甚愍焉。

元帝詔曰。方春農桑。與百姓勠力自盡之時也。故是月勞農勸民。

成帝詔曰。方東作時。其令二千石勉勸農桑。出入阡陌。致勞來之。

平帝元始元年。置大司農丞十三人。人部一州。以勸農桑。

光武詔曰。勉順時政。勸督農桑。去彼螟蜮。以及蟊賊。

明帝詔曰。有司勸督農桑。夙夜匪懈。以稱朕意。

章帝詔曰。方春東作。宜及時務。二千石勉勸桑。

第二節　言論

漢時才識之臣。多計及農利。所謂重農派之政治家。皆各有言論主張矣。茲特記其最著者。

(一)賈誼說文帝曰。漢之爲漢。幾四十年矣。公私之積。猶可哀痛。卽不幸有方二三千里之旱。國胡以相恤。卒然邊境有急。數十百萬之衆。國胡以餽之。夫積貯者。天下之大命也。苟粟多而財有餘。何爲而不成。以攻則取。以守則固。以戰則勝。懷敵附遠。何招而不至。今敺民而歸之農。使天下各食其力。末技遊食之人。轉而緣南畝。則蓄積足而人樂其所矣。

(二)晁錯之言曰。聖王在上而民不凍餒者。非耕而食之。織而衣之也。爲開其資財之道也。故堯禹有九年之水。湯有七年之旱。而國亡捐瘠者。以畜積多而備先具也。今海內爲一。土地人民之衆。不避湯禹。加以亡天災數年之水旱。而畜積未及者何也。地有遺利。民有餘力。生穀之土未盡墾。山澤之利未盡出也。遊食之民未盡歸農也。民貧則奸邪生。貧生於不足。不足生於不農。不農則不地著。不地著則離鄉輕家。民如鳥獸。雖有高城深池。嚴法重刑。猶不能禁也。夫寒之於衣。不待輕煖。飢之於食。不待甘旨。飢寒至身。不顧廉恥。人情一日不再食則飢。終歲不製衣則寒。夫腹飢不得食。膚寒不得衣。雖慈母不能保其子。君安能以有其民哉。明王知其然也。故務民於農桑。薄賦斂。廣積畜。以實倉廩。備水旱。故可得而有也。今農夫五口之家。其服役者不下二人。其能耕者不過百畝。百畝之收。不過百石。春耕夏耘秋穫冬藏。伐薪樵治官府給徭役。春不得避風塵。夏不得避暑熱。秋不得避陰雨。冬不得避寒凍。四時之間亡日休息。又私自送往迎來。弔死問疾養孤長幼在其中。勤苦如此。尙復被水旱之災。急政暴虐。賦斂不時。朝令而暮改。當其有者半賈而賣。亡者取倍稱之息。於是有賣田宅鬻子孫以償債者矣。而商賈大者積貯倍息。小者坐列販賣。操其奇贏。日遊都市。乘上之所急。所賣必倍。故其男不耕耘。女不蠶織。衣必文采。食必粱肉。亡農夫之苦。有阡陌之得。因其富厚。交通王侯。力過吏勢。以利相傾。千里遊敖。冠蓋相望。乘堅策肥。履絲曳縞。此商人所以兼幷農人。農人所以流亡者也。今法律賤商人。商人已富貴矣。尊農夫。農夫已貧賤矣。故俗之所貴。主之所賤也。吏之所卑。法之所尊也。上下相反。好惡乖忤。而欲國富法立。不可得也。方今之務。莫若使民務農而已矣。欲民務農。在於貴粟。粟者王者大用。政之本務。

(三)王符曰。一夫不耕。天下受其飢。一婦不織。天下受其寒。今舉俗舍本農。趨商賈。是則一夫耕百人食之。一婦桑百人衣之。以一奉百。孰能供之。

(四)劉陶曰。民可百年無貨。不可一朝有飢。故食爲至急也。

第三節　以農教民

漢代民牧知農者多故以農教民致富者不一而足試分述之

(一)黃霸僮种　霸爲潁川守使郵亭鄉官皆畜雞豚以贍鰥寡貧窮者雞豚雖爲副業然苟有大宗亦足專家霸固漢之畜牧家也种爲不其令率民養一豬雌雞四亦以是名

(二)龔遂仇覽　遂覽皆漢之混同農家也遂爲渤海太守勸民務農桑令口種一株榆百本薤五十本葱一畦韭家二母彘五母雞民有帶持刀劍者使賣劍買牛賣刀買犢曰何如帶牛佩犢春夏不得不趣田畝秋冬課收斂益畜果實菱芡吏民皆富貴郡號大治覽爲蒲亭長勸人生業爲制科令至於果菜雞豕其剽輕遊恣者皆役以田桑

(三)茨充　充重蠶桑嘗爲桂陽令俗不種桑類皆麻枲因教民種桑柘養蠶數年間大賴其利衣履溫煖今江南知桑蠶織履皆充之教也惟當時蠶業僅爲服品今則擴爲商品矣

(四)張堪　堪漢之墾殖家也嘗爲漁陽太守開稻田八千餘頃勸民耕種以致殷富百姓歌曰桑無附枝麥穗兩岐張君爲政樂不可支在郡八年妻子寒素如一日其篤志勵行

尤足爲教農者法。

第四節　業農自給

鄉居業農。一家自給。以獨立爲主義。其人多足爲後世模範。試分述之。

（一）任氏　宣曲任氏。折節爲儉。力田畜。人爭取賤賈。任氏獨取貴善。富者數世。然任公家約。非田畜所出弗衣食。公事不畢。身不得飲酒食肉。以此爲閭里率。而主上重之。自有土地。是爲地主。自力田。是爲企業農。非田畜所出弗衣食。是爲經濟上要點。任氏誠得之矣。

（二）王丹　丹漢之資本主也。家累千金。好施與。周人之急。每歲時農收後。察其強力收多者。輒載酒肴。從而勞之。便於田頭樹下。飲食勸勉。因留其餘肴而去。其惰懶者獨不見勞。各自恥不能致丹。後無不力田者。聚落以致殷富。勸勉農民。與共甘苦。丹誠不可及焉。

（三）楊季　季官至盧江太守。元鼎間。避仇遡江。上處岷山之陽。曰郫。有田一壥。有宅一區。世世以農桑爲業。

（四）樊重　重世善農稼。好貨殖。性溫厚。有法度。開廣田土三百餘頃。所起廬舍。皆有重堂高閣。陂渠灌注。又池魚牧畜。有求必給。嘗欲作器物。先種梓漆。時人嗤之。然積以歲月。皆得其用。貲至巨萬。畜牧樹藝。農事完備。巨萬之貲。皆從勤儉中來。重可爲後世農家模範矣。

第五節　民租

漢定天下。高祖約法省禁。輕制田租。十五稅一。文帝卽位。惠愛元元。免天下田租之半者再。後乃盡除之。至景帝始令民再出田租。三十稅一。其減民租不收者。凡十餘年。三代下仁君。無過於文帝者。農民受賜。誠非淺鮮。後漢建武之初。師旅未解。用度不足。故行十一之稅。旋仍舊制。三十稅一。章帝時。因穀價騰貴。以布帛爲租。桓帝時。令郡國有錢者畝稅十錢。皆取於常例外者也。

第六節　蠶事

漢代皇后親蠶事。班班可考。文帝詔皇后親蠶。以奉祀服。景帝詔后親桑。爲天下先。元帝時。太后幸繭館。率皇后及列夫人桑。明帝時。皇后諸侯夫人蠶。其儀則皇后親蠶。取列侯妻六人爲蠶母。此育蠶也。至於野蠶。當時亦著稱。光武建武二年。野蠶成繭。野民收其絮。元帝永元四年。東萊郡東牟山有野蠶爲繭。繭生蛾。蛾生卵。卵著石。收得萬餘石。民以爲蠶絮。可知。

山東野蠶固早著於漢時矣。

第七節　尙火耕

漢時江湖之地多尙火耕。燒草下水種稻。草與稻並生高七八寸。因悉芟去復下水灌之草死獨稻長所謂火耕水耨也。武帝塞瓠子決因東流郡燒草。以故薪柴少而下淇園之竹以爲楗燒草卽火耕也。瓠子歌有曰。薪不屬兮衛人罪蓋衛俗火耕也。

第八節　興水利

水利之興。漢代君臣多注意之。武帝曰。泉流灌浸所以有五穀也。左右內史地名山川原甚衆細民未知其利。故爲通溝瀆蓄陂澤所以備旱也。至臣之以水利名者有三。

(一)文翁爲蜀郡太守。煎腴口灌溉繁田千七百頃。人獲其饒。

(二)召信臣遷南陽太守。好爲民興利。躬勸耕農。出入阡陌。行視郡中水泉。開通溝瀆起水門提閼凡數十處以廣灌溉。歲歲增加。多至三萬頃。民得其利。蓄積有餘。吏民親愛號曰召父。并爲民作均水約束。刻石立於田畔以防紛爭。近時按畝用水之條。卽其意也。

(三)趙中大夫白公(史失其名)穿渠引涇水。首起谷口。尾入櫟陽。注渭中袤二百里。漑田四千五百餘頃。因名曰白渠。民得其饒。歌之曰。田於何所。池陽谷口。鄭國在前。白渠起後。舉插成雲。決渠爲雨。涇水數石。其泥數斗。且漑且糞。長我禾黍。衣食京師。億萬之口。

第九節　塞河決

禹導河自積石至龍門。東過洛汭。至大伾。北過降水。至於大陸。又北播九河。同爲逆河。入於海。以其時重疏排不與水爭地。故禹貢一篇。不及隄字。後世生齒日繁。廬舍櫛比。晝疆而治舍堤防實無他法。然屢防屢決。屢決屢塞。患無已矣。文帝十二年。河決酸棗。東潰金堤。東郡大興卒塞之。漢時河決自此始。河之大徙。本始於周定王五年。而改禹河故道。實始於王莽建國三年。決魏郡。泛清河平原濟南至千乘入海。是爲大徙之次。漢代所謂能治河者。雖不一。而足而不尙空語。足徵價值者。數人而已。

(一)王延世　延當成帝時。爲河堤使者。塞河決。以竹落長四丈大九圍。盛以小石。兩船夾載而下之。三十六日堤成。於是改元河平。

(二)賈讓　讓當哀帝時。奏治河三策。上策放河使北入海。徙冀州之民當水衝者。中策多穿漕渠於冀州地。分殺水怒。下策繕完故堤。增卑培薄。爲古來河防名論。

（三）王景　初平帝時。河汴決壞。久而不修。建武十年。光武欲修之。浚儀令樂俊上言。民新被兵革。未宜興役。乃止。其後汴渠東侵。日月彌廣。兗豫百姓怨歎。會有薦樂浪王景能治水者。夏四月。詔發卒數十萬。遣景與將作謁者王吳修汴渠堤。自滎陽東至千乘海口千有餘里。景商度地勢。鑿山開澗。防遏衝要。疏決壅積。十里立一水門。令更相洄注。無復潰漏之患。雖簡省費役。然猶以百億計。明年夏。渠成。河汴分流。復其舊迹。後世論治河者。咸推崇之。因其功歷千載故也。

第十節　鑄田器

漢爲田器進化時代。因其時不少發明家也。分記如左。

（一）趙過　漢時牛耕製度。過實增之。其法三犁共一牛。一人將之。下種挽耬。皆取備焉。日種一頃。三輔咸賴其利。

（二）杜詩　詩守南陽。省愛民役。造作水排。鑄爲農器。用力少。見功多。百姓便之。

（三）任延　九真以射獵爲業。不知牛耕。每致困乏。延爲太守。乃令鑄作田器。教之墾闢。歲歲開廣。百姓充給。

(四)崔實　五原土宜麻枲。而俗不知織績。民冬月無衣。積細草而臥其中。見吏則衣草而出。實爲太守。作紡績織紝練縕之具。以教之。民得以免寒苦。

第十一節　勸種麥

武帝外事四夷。內興功利。役費並興。而民去本。董仲舒說曰。春秋他穀不書。至於麥禾不成則書之。以此見聖人於五穀最重麥與禾也。今關中俗不好種麥。是歲失春秋之所重。願陛下幸詔大司農使關中民益種宿麥。令毋後時。元狩三年。遣謁者勸種宿麥。舉吏人能假貸貧人者以名聞。宿麥者。謂苗經冬也。先後研究種法者有二人。崔實曰。凡種大小麥。得白露節可種。薄田秋分種。中田後十日種。美田惟穉。早晚無常。氾勝之曰。田有六道。麥爲首種。種麥得時無不善。夏至後七十日可種宿麥。早種則蟲而有節。晚種則穗小而少實。當種麥。若天旱無雨澤。則薄漬麥種。以酢漿并蠶矢。夜半漬。向晨速投之。令與白露俱下。酢漿令麥耐旱。蠶矢令麥忍寒。

第十二節　令築倉

宣帝政迹不一。重農其尤著也。大司農中丞耿壽昌奏言。歲豐穀賤。農人少利。故事。歲漕關東穀四百萬斛。用卒六萬人。宜糴三輔弘農河東上黨太原郡穀供京師。可省漕卒過半。又白令邊郡皆築倉。穀賤則增其價而糴。以利農。穀貴則減價而糶。名曰常平倉。帝從其言。農民俱便之。

第十三節　富產物

漢代重本富。故其時農家除禾麥桑麻等普通產物外。種類甚多。資用富給。其人皆與千戶侯等。記如左。

㈠林產　漆以陳夏。名竹以渭川著。淮北常山以南。河濟之間多萩。江南則出枏與梓。

㈡畜產　馬牛羊北方陸地多產之。彘與魚則產於水澤中。所謂澤中千足彘。水居千石魚陂也。

㈢果蔬　安邑棗。燕秦栗。蜀漢江陵橘。以及梔茜薑韭。均甚著名。棗栗之利。尤溥。民雖不佃作而足。

第十四節　廣銷路

農產物之銷路如何。本爲農業家所注重。我國於世界。蠶絲。之本產地也。當漢以前。早闢銷路於波斯印度之互市。至文景之際。亞力山大爲壯闊之東征。蠶絲織成之綾錦。遂更輸入歐洲。羅馬市人得之。珍重弗置。謂我國爲哀爾利司。即言產絲地也。絲國稱號。因是起焉。故蠶絲一項。在漢時。即震耀歐人之耳目。銷路已橫貫亞歐。此外對於南越。則有馬牛羊田器之貿易。對於西域。則有天馬大鳥邛竹杖蜀布之貿易。農產銷路之廣。實自此始。

第十五節　屯田

漢自文帝從鼂錯之言。募民徙塞下。以備匈奴。是爲北邊屯田之始。嗣因開拓疆土。及與諸族關係。多興屯政。試記其最著者如左。

(一)西域屯田　西域之國。凡三十六。大宛在漢正西。其俗土著耕田。武帝時。貳師將軍李廣利往攻之。開張掖燉煌二郡。自燉煌至鹽澤。往往築亭。墾田而輪台渠犂皆有田卒數百人。置使者校尉領護。宣帝時。侍郎鄭吉將免刑罪人田渠犂。發諸國兵及所將田士共擊破車師。車師王請降。帝使吉屯田其地以實之。

(二)隴右屯田　宣帝時。先零叛。神爵元年。遣後將軍趙充國將兵擊之。充國以擊虜殄滅爲期。罷騎兵屯田。以待其敝。計度臨羌東至浩亹羌虜故田及公田民所未墾。可二千頃以上。奏曰。今留步士萬人屯田。地勢平易。臣愚以爲屯田。內有亡費之利。外有守禦之備。騎兵雖罷。虜見萬人留田。爲必擒之具。其土崩歸德。宜不久矣。詔罷其兵。獨充國留屯田。大獲地利。明年遂破先零。和帝永元十四年。安定降羌燒何種反。曹鳳上言曰。燒何種居大小楡谷。土地肥美。又有西海魚鹽之利。宜及此時復置西海郡。廣設屯田。隔塞羌胡交關之路。遏絕狂狡窺欲之源。殖國富邊。省委輸之役。帝從之。乃拜鳳爲金城西部都尉。

第十六節　代田

武帝雖不能用董仲舒之說。限民名田。以贍不足。而及其末年。悔征伐之事。下詔曰。方今之務。在於力農。乃以趙過爲搜粟都尉。過能爲代田。一畝三甽。歲易其處。故曰代。蓋復后稷之法。而深得伊尹之意者也。其式略同於今之畦種。惟畦種皆種物於畦上。義取避水。代田則布種於溝中。利在蓄水焉。其耕耘下種田器。皆有便巧。率十二夫爲田一井一屋。故畝五頃。用耦犂二牛三人。一歲之收。嘗過縵田畝一斛以上。善者倍之。過使教田太常三輔。大農置功巧奴與從事。爲作田器。二千石遣令長三老力田及里父老善田者受田器。學耕稼養苗狀。民或苦少牛。亡以趨澤。故平都令光教過以人輓犂。過奏光以爲丞。教民相與庸輓犂。率多人者田日三十畝。少者十三畝。以故田多墾闢。過試以離宮卒田其宮壖地。課得穀皆多其旁田畝一斛以上。令命家田三輔公田。又教邊郡及居延城。是後邊城河東宏農三輔太常民皆便代田。用力少而得穀多。法甚簡易可行也。後至宣帝使蔡癸校民耕植。卽用此法。

第十七節　王田

王莽行事。動輒慕古而不度時宜。變更田制。其一端也。下令名天下田曰王田。奴婢曰私屬。皆不得買賣。其男口不盈八而田過一井者。分餘田予九族鄉黨。故無田今當受田者如制度。敢有非井田聖制。無法惑衆者。投諸四裔。於是農桑失業。食貨俱廢。人民困苦愁怨。經三年餘。中郎區博諫曰。井田雖聖王法。其廢已久。周道既衰。而人不從。秦順人心。改之。可以獲大利。故滅廬井而置阡陌。遂王諸夏。訖今海內未厭其弊。今欲違人心。追復千載絕迹。雖堯舜復生。而無百年之漸。不能行也。莽乃又令食王田者皆得賣之。

第十八節　張騫輸種

我國與國外交通。自漢代始。當時國外與今稍異。所謂匈奴。卽今內外蒙古。所謂朝鮮。大部分卽今奉天。所謂南越。大部分卽今兩廣。所謂西南夷。大部分卽今四川雲貴。所謂西域。大部分卽今新疆。博望侯張騫。具偉大開放之思想。奉命使西域。所歷諸國。除地理風俗盡悉外。產物亦約略盡之。由茲輸入農產種子甚多。胡麻。胡豆。胡蒜。胡荽。胡桃。胡瓜。苜蓿等。皆是也。中國油麻向有四稜六稜者。自騫從外輸入八稜黑麻種。因曰胡麻。一名巨勝。卽今黑脂麻也。而最要之。木棉種。亦於此時。輸入。至於葡萄。則在大宛。時取其實於離宮別館旁。盡種之。（或云李廣利得自大宛。種之內地。）

第十九節　卜式牧羊

卜式當武帝時。以田畜爲事。取畜羊百餘。入山牧之。十餘年致千餘頭。古有以養牧致富者。式其最著也。其論牧羊。如治民。以時起居。惡者輒去。毋令敗羣。頗得要旨。史雖稱式不習文章。未必能著書傳世。然後之養羊者。多取其遺法焉。記如左。

常留臘月正月生羔爲種者上。十一月二月生者次之。大率十口一羝。羝無角者更佳。供廚者宜刺之。牧羊須老人及心性宛順者。起居以時。調其宜適。牧民何異於是。唯遠水爲良。二日一飲。緩驅行勿停息。春夏早放。秋冬晚出。圈不厭近。必須與人居相連。開窗向圈。架北牆爲廠。圈中作臺開竇。無令停水。二日一除。勿使糞穢。圈內須並牆豎柴柵令周匝。羊一千口者。三四月中。種大豆一頃。雜穀并草留之。不須鋤治。八九月中。刈作青茭。若不種豆穀者。初草實成時。收刈雜草。薄鋪使乾。勿令鬱浥。既至冬寒。多饒風霜。或春初雨落。青草未生時。則須飼。不宜出放。積茭之法。於高燥之處。豎桑棘木作兩圓柵。各五六步許。積茭著柵中。亦無嫌。任羊遶柵指食。竟日通夜。口常不住。終冬過春。無不肥充。若不作柵。假有千車茭。擲與十口羊。亦不得飽。羣羊踐躡而已。不得一莖入口。不收茭者。初冬乘秋。假有甫生羊羔。乳食其母。比至正月。母皆瘦死。羔小未能獨食水草。尋亦俱死。非直不滋息。或滅羣斷種矣。寒月生者。須然火於其邊。凡初產者。宜煮穀豆飼之。白羊留母二三日。卽母子俱放。羖羊但留母一日。寒月者。內羔子坑中。日父母還。乃出之。十五日後。方喫草。乃放之。白羊三月得草力。毛牀動。則鉸之。五月毛牀將落。鉸取之。八月初。胡葈子未成時。又鉸之。

第二十節　氾勝之撰農書

漢時農書有數家。尹都尉書以外。最著者。莫氾勝之。若尹書有種瓜及種芥葵蓼薤葱諸篇。而其名字里居俱無考。勝之則當成帝時。爲議郎。教田三輔。有好田者師之。徒爲御史。撰書十八篇。凡耕田、收種、種穀、區種法、黍穄、大豆、小豆、麻子、種麻、大小麥、種稻、種稷、種瓜、種瓠、種芋、種、桑以及雜篇上下言種植之法。親切詳明。勝之固漢之農學家也。史稱（見晉書食貨志）漢遣勝之督三輔種麥而關中遂穰。益可見其經驗矣。

第二十一節　馬援好農畜

馬援好農畜。舊史氏徒炫其功名。殊不知其耕作畜牧之特色。要不可忽也。援少欲就邊郡田牧。辭兄況。況從所好。後亡命北地。因留牧畜。賓客多歸附者。役屬數百家。轉遊隴漢間。至有牛馬羊數千頭。穀數萬斛。世祖卽位。援歸洛陽。居數月而無他職任。以三輔地曠土沃。而所將賓客猥多。乃上書求屯田上林苑中。許之。此其自作之事實也。十一年拜隴西太守。擊破先零羌。以其田土肥壤。灌漑流通。奏爲開導水田。勸以耕牧。郡中樂業。十九年封新息侯。遠平嶠南。所過輒爲郡縣穿渠灌漑。以利其民。是又其教民以農之政績。由是觀之。援固漢代一農家也。

第二十二節　採葚濟飢

桑生葚者。葉必小而薄。故爲蠶桑家所不取。但夏初葚黑。振落箔上。晒乾可當果食。歉歲尤可濟飢。王莽時。天下大荒。有蔡順者。採葚赤黑別盛之。赤眉賊見問所以。順曰。黑者奉母。赤者自食蓋桑葚乾溼皆可食也。後漢興平元年九月。桑再葚。時劉先主軍小沛。年荒穀貴。士衆皆飢。仰以爲糧。

第二十三節　令官作酒

漢時釀酒。槪分三等。稻米二斗。得酒一斗。爲上樽。稷米一斗爲中樽。粟米一斗爲下樽。至王莽時。義和魯匡言酒者天之美祿。帝王所以頤養天下。享祀祈福。扶衰養疾。百禮之會。非酒不行。故詩曰亡酒酤我。論語云酤酒市脯不食。二者非相反也。詩據承平之代。酒酤在官。和旨便人。可以相御也。孔子當周衰亂。酒酤在人。薄惡不誠。是以疑而弗食。今絕天下之酒。無以行禮相養。放而無限。則費財傷人。請法古令官作酒。以二千五百石爲一均。率開一壚以賣。月雠五十釀爲準。一釀用粗米二斛。麯一斛。得成酒六斛六斗。各以其市月朔米麯三斛。并計其價而三分之。以其一爲酒一斛之平。除米麯本價。計其利而十分之。以其七入官。其三及糟截灰炭給工器薪樵之費。漢至元帝時。人賦數百。造鹽鐵榷酒之利。以佐用度。而人困。至是而人愈愁矣。

第三章　三國

第一節　農產實用

(一)桑蠶　種桑一事。漢代不乏勸令。而躬行實踐。惟武侯最爲著名。初武侯有田十五頃。子弟衣食自有餘饒。至爲丞相。志仍在成都之桑八百株。蜀本有蠶市。每歲二月。相聚貨蠶農之具。蜀錦於是重天下矣。

(二)茶茗　神農嘗百草。一日而遇七十毒。得茶乃解。自古相傳。可知。我國於茶之發明。蓋甚早也。但煑葉爲飲。自韋曜始。曜飲酒不過二升。初見禮異時。嘗爲裁減。或密賜茶茗以當酒。

(三)蕪菁　菜之最益人者。漢桓帝時。横水爲災。五穀不登。詔令所傷郡國。皆種蕪菁。以助民食。後至武侯所至。輒令兵士種之。取其纔出甲可生啖。一也。葉舒可煎食。二也。久居則隨以滋長。三也。棄不令惜。四也。回則易尋而採。五也。冬有根可劚而食。六也。比諸蔬屬。其利爲博。今三蜀江陵人猶呼此爲諸葛菜。

(四)芋　岷山之下。沃野有蹲鴟。蹲鴟。芋也。蜀漢最繁。民以爲資。可乾。可藏。食之味甘。尤可救饑饉。度凶年。後漢時。袁安除陰平長。年饑。民皆菜食。租入不畢。安聽使輸芋。曰。百姓饑困。長何得食穀。先自引芋。吏皆從之。後人所謂大饑不饑。蜀有蹲鴟者。有由來矣。

（五）稗　稗堪水旱。種無不熟之時。孟子所謂五穀不熟。不如荑稗。淮南所謂小利者是也。稗中有米。擣熟炊食。不減於粟。又可釀酒。甚美。魏武使典農種之。頃收二千斛。斛得米大儉。可磨食。若值豐年。可飼牛馬猪羊。

第二節　農官實施

農田之官。漢代最多。而以農官實施農事者。則罕。至曹操則以棗祗爲屯田都尉。任峻爲典農中郎將。募民屯田許下。實行以軍隊開墾。得穀百萬斛。州郡例置田官。數年之中。所在積穀。倉廩皆滿。故操征伐四方。無運糧之勞。遂能兼幷羣雄。軍國之饒。起於祇而成於峻。

第三節　果實

果實爲農家重要生產品之一。社會之生活日高。果實之消耗亦日增。我國果實之最佳者。在北爲梨。爲棗。爲栗。爲葡萄。在南爲荔枝。爲龍眼。太史公曰。淮北榮南河濟之間千株梨。其人與千戶侯等。梨之利既不減於棗栗。其品自有足貴者。魏文帝研究之。謂真定梨大若拳。甘若蜜。脆若菱。可以解煩熱。多之神農經中療病之功。亦爲不少。西路產梨處用刀去皮切作瓣以火焙乾謂之梨花嘗充貢獻實爲佳果上可以充歲貢下可以奉盤珍張敷稱百果之宗豈不信乎其謂羣臣曰葡萄解酒宿醒掩露而食甘而不餇脆而不酸冷而不寒味長汁多除煩解渴醸以爲酒甘於麴蘖又曰南方果之珍異者有荔枝龍眼焉二者牛於海濱巖險之地而能名重當時尤足貴矣

第四節　器械

舊制農器大概簡單自漢以來則有省人力畜力而製成機關者其功用大於古代多矣分記如左

(一)木牛流馬　武侯軍出祁山運糧以木牛出斜谷以流馬製機關之假動物用以搬運所以愛牛馬惜勞力也故搬運以牛馬爲現時文明國所不取

(二)翻車　後人名龍骨車機械巧捷水具稱最魏臣馬鈞巧思絕世居京師城內有田地可爲園無水以灌之乃創造此車供灌園之用以三四人之力日灌水田二十畝旱歲倍焉高地倍焉駕馬牛則功倍費亦倍焉今之車水以灌漑田畝者實自此始自有此車桔槔之功用遂微(或云漢靈帝時畢嵐所創)

(三)水排　水排之造。始於杜詩。至魏韓暨爲樂陵太守。徙監冶謁者。舊時冶作馬排。爲排以吹炭。每一熟石。用馬百匹。更作人排。又費工力。暨乃因長流爲水排。計其利益三倍於前。在職七年。器用充實。其制當選湍流之側。架木立軸。作二臥輪。用水激轉下輪。則上輪所週弦索通激輪前旋鼓掉枝。一例隨轉。掉枝所貫行桄。因而推輓臥軸左右攀耳。以及排前直木。則排隨來去。搧冶甚速。過於人力遠矣。

翻車

(四)耬犁　一名耬車。下種器也。種藏耬斗中。駕以車。一人執之。且行且搖。種乃隨下。其金似鑱而小。魏皇甫隆守燉煌。民不知耕。乃教作耬犁。省力過半。得穀加五。附圖於後。

水排

耬犁

第四章　兩晉

第一節　明勸課

西晉立國未久。卽南北分爭。而民氣未衰者。仍賴農爲之助也。其時農政上特色。卽在勸課。武帝太始八年。司徒石苞奏州郡農桑未有殿最之制。宜增掾屬令史。有所巡察。帝從之。苞既明勸課。百姓安之。後溫嶠上疏。亦請置田曹掾州一人。勸課農桑。察吏能否。而桓宣鎭襄陽。每至農月。或載鋤耒於軺軒。或親耘穫於隴畝。十餘年間。能得衆心。四境之民無惰業者。是皆勸課之功也。

第二節　祀先蠶

皇后祀先蠶。漢代已然。晉置先蠶壇。高一丈。方二丈。四出陛。陛廣五尺。皇后至西郊。親祭躬桑。皇后服青上縹下。助蠶者縹絹上下。是曰蠶衣。制自二千石夫人以上至皇后。皆以蠶衣爲朝服。

第三節　均田賦

晉懲漢代人民兼幷之弊。行均田法。人民分三等。年十六以上至六十。曰正丁。十五以下至

十三。六十一以上至六十五。曰次丁。十二以下六十六以上。曰老小。男子一人占田七十畝。女子三十畝。其丁男課田五十畝。丁女二十畝。次丁男半之。女子則不課。其官第一品五十頃。每品減五頃以爲差。第九品十頃。而又各以品之高卑蔭其親屬。凡丁男每歲出粟一斛五斗。絹三匹。錦三斤。丁女與次丁男半之。邊遠各郡。則從其輕。然東渡後地狹費多。賦稅之數。較西晉增重多矣。

第四節　製水碓

晉代工業退化。獨杜預抱社會思想。巧製連機水碓。以濟民食。其制水輪一軸長數尺。列貫橫木。相交如滚搶之制。水激輪轉。則軸間橫木。間打所排碓梢。一起一落舂之。凡在流水岸旁。皆可設置。但須度水勢高下爲之。水下岸淺。當用陂柵。平流則當用板木爲障。隨地所宜。各趨其便。用水力勝人功。以制造。利社會。杜預有焉。預嘗修召信臣遺跡。激用滍淯諸水。以浸稻田萬餘頃。分疆刋石。使有定分。公私同利。衆庶賴之。號曰杜父。

第五節　張闓益國

張闓於元帝時。爲晉陵內史。所部四縣。以旱失田。闓乃立曲阿新豐塘。溉田八百餘頃。每歲豐稔。葛洪爲其頌。計用二十一萬一千四百二十功。以擅興造免官。後公卿並爲之言曰。張闓興陂溉田。可謂益國。而反被黜。使臣下難復爲善。帝乃以爲大司農。

第六節　馮跋下書

馮跋者。東晉十七國之一。據龍城。稱北燕者也。其下書曰。今田畝荒穢。有司不隨監察。欲令家給人足。不亦難乎。桑柘之益。有生之本。此土少桑。人未見利。令戶植桑二百二十株。可知遠在北燕。亦以蠶桑爲重。先是北地無桑。自慕容廆通晉。求種江南。始有桑。息桑椹甘香。且稱爲北方之美焉。

第五章 南北朝

第一節 除田禁

五胡亂晉。中原蹂躪過半。元帝渡江。偏安。零落極矣。故無農事足言。北朝君主。亦皆以武事興。未遑顧及農業。其較爲注意者。惟魏之太武。時高允爲著作郎。太武問萬幾何者爲先。允因良田多禁封。遂曰。臣少也賤。所知惟田。請言農事。古人云。地方一里爲田三頃七十畝。萬里則田三萬七千頃。若勤之則畝益三升。不勤損亦如之。損益之率。爲粟二十二萬斛。況以天下之廣乎。帝善之。除田禁。

第二節 授田法

魏孝文時。從給事中李安世言。均給天下人田。男夫十五以上。受露田四十畝。婦人二十畝。年六十還之。奴婢依良丁。牛一頭受田三十畝。限止四牛。所授之田率倍之。三易之田再倍之。以供耕作及還受之盈縮。人年及課則受田。老免及身歿則還田。奴婢牛隨有無以還受。男夫又別給桑田二十畝。課種桑五十樹。棗五株。楡三根。永爲世業。不還。恆計見口。有盈者無受無還。不足者受種如法。盈者得賣其盈。不足者得買所不足。不得賣其分。亦不得買過所足。諸應還之田。不得種桑榆棗果。種者以違令論。麻布之土。男夫及課。則給麻田十畝。婦人五畝。奴婢依良。皆從還受之法。有司每春月。蒞郊野。祭農勸惰。故其時男子年二十五以上。皆耕。女子年十五以上。皆蠶。必使民互相爲助。地無遺利。人無游手而後止。北齊時丁男受露田八十畝。丁女四十畝。年六十六而退。又別受永業田二十畝。其田種桑榆棗。不宜桑者。給麻田如桑田法。北周制。凡人口十以上。宅五畝。口七以上。宅四畝。五以下。宅三畝。有室者授田百四十畝。單丁田百畝。此皆北朝仿行古授田法也。南朝則無可考矣。

第三節　賈思勰著齊民要術

我國農書雖多。而推齊民要術爲能彙其全。後魏高陽太守賈思勰著也。自此以前。多尙考據。自此以後。始重實際。書凡九十二篇。分爲十卷。起自耕農。終於醯醢。資生之業。靡不畢具。籌民生本計者。皆當取法。此流行所以最廣也。

第四節　崔亮造輾

後魏臣工。多留心民事。崔亮其一也。亮在雍州。讀杜預傳。見其爲水碓。嘉其有濟時用。因教民爲輾。奏於方張橋東堰谷水。造水輾數十區。其利十倍。國用便之。水輾之制。自此始。其制輾下作臥輪。或立軸。輪軸上端穿其碢幹。水激則碢隨輪轉。循槽轢穀。疾若風雨。日所毀米比於陸輾功利過倍。

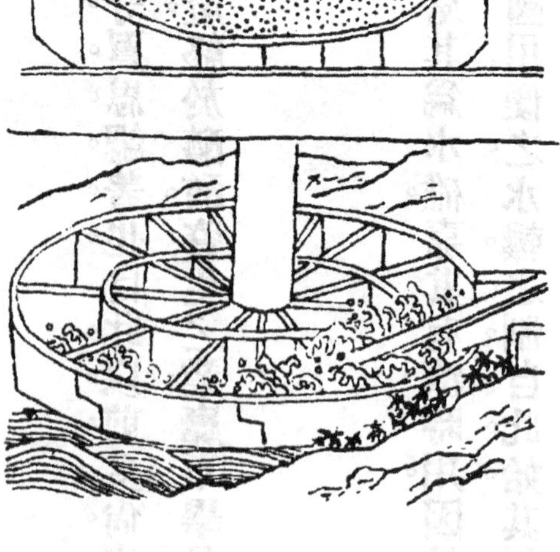

第五節　裴延儁溉田

農田灌溉之利。古來不少遺跡。興廢修壞。存乎其人。苟能興修。未有不足爲民利者。後魏裴延儁爲幽州刺史。范陽郡有舊督亢渠。徑五十里。漁陽燕郡有故戾陵諸碣。廣袤三十里。延儁表求修復。營造溉田百萬餘畝。爲利十倍。百姓賴之。可知灌溉之事。誠農務之大本。燕地多陂渠。自古恃爲衣食之原焉。

第六節　郭原平種瓜

古有以種瓜名者。秦東陵侯種瓜長安城東。瓜有五色甚美。世謂之東陵瓜。自是以後。漢步隲亦嘗種瓜自給。至以種瓜爲業。則惟郭原平爲最著。宋武帝大明七年大旱。瀆不通船。縣官劉僧秀愍原平貧老。開瀆下水與之。原平曰。天旱百姓俱困。豈可減溉田之水。以通運瓜之船。乃悉從他道往錢塘貨賣。農知大義。原平有焉。

第六章　隋

第一節　置義倉

隋統南北。文帝雖躬節儉。平徭賦。而煬帝繼之。徭役繁興。農時違。農作廢矣。其間猶有足法者。莫若置義倉一事。當開皇五年。工部尚書長孫平奏令民間每秋家出粟麥一石以下。貧富有差。輸之當社。委社司檢校。以備凶年。名曰義倉。取之於民不厚。而置倉於當社。一有凶飢。飢民得食。法甚良。意甚美也。

第二節　開河渠

懷州刺史盧賁決沁水東注。名曰利人渠。又派入溫縣。名曰溫潤渠。以溉舄鹵。此開皇中事也。後至煬帝雖厲民實速隋亡。但河渠之開。於交通固有裨益。於農事亦有關係焉。大業元年。開通濟渠。自西苑引穀洛水達於河。復自板渚引河入汴。引汴入泗。以達於淮。又開邗溝入江。溝廣四十步。旁樹以柳。四年。開永濟渠。引沁水南達於河。北通涿郡。六年。穿江南河自京口至餘杭。長八百餘里。廣十餘丈。卽今之運河也。

第三節　別田畝

(一)永業田　隋文帝令自諸王以下。至於都督。皆給永業田各有差。多者至百頃。少者三十頃。其丁男中男。永業露田皆遵北齊之制。並課樹以桑榆及棗。

(二)職分田　京官給之。一品者給田五頃。至五品則爲田三頃。其下每品以五十畝爲差。至九品爲一頃。

(三)公廨田　外官各有職分田。又給公廨田以供用。

此皆文帝令也。當時戶口歲增。京輔及三河。地少而人衆。衣食不給。議者咸欲徙就寬鄉。帝乃發使四出。均天下之田。其狹鄉每丁纔至二十畝。老小又少焉

第四節　勤紡績

隋時。本區分桑土麻土麻苧之鄉。多事紡績。鄭善果母清河崔氏。恆自紡績。善果曰。母何自勤如是耶。答曰。紡績婦人之務。上自皇后。下至大夫妻。各有所製。若惰業者。是爲驕逸。吾雖不知禮。其可自敗名乎。鄭毋。此言。足爲。衣被。纖美。不知。紡績者。戒

第七章 唐

第一節 重蠶桑

唐重蠶桑。昭然可見。先蠶壇置在長安宮北苑中。高四尺。周圍三十步。皇后歲祀季春吉享先蠶。散齋三日於後殿。致齋一日於正寢。遂以親蠶。皇后受鉤採桑。典制奉筐受桑。妃嬪命婦以次從至蠶室。尙功以桑授蠶母。蠶母切以授婕妤。婕妤飼蠶。灑一薄訖。司賓引婕妤還本位。尙儀前奏禮畢。此儀制之可見也。元宗開元十七年春正月丁酉。詔曰。獻歲發生。陽和在候。乃睠甿庶。方就農桑。其力役不及之務。一切並停。肅宗上元三年。詔天下刺史縣令。令於所部勸桑。元和七年四月癸巳。詔曰。農桑務切。衣食所資。始聞閭里之間。桑織猶寡。所宜勸課。以利於人。諸道州府。有田戶無桑處。每檢一畝。令種桑兩根。年終長吏具聞。宣宗大中元年。制天下逃戶桑田。限五年復業。此詔制之可見也。天寶中。益州獻三熟蠶。白淨與常蠶不殊。大歷中。太原府清源縣人韓景輝養冬蠶成繭。詔給復終身。尹思貞爲青州刺史。所治州有蠶一歲四熟。此事實之可見也。

第二節 考畜牧

隴右爲唐十道之一。東接秦州。西踰流沙。南連蜀及吐蕃。北接沙漠。其間水草豐茂。畜牧爲天下饒。開元年間。牧政考成不過數年。馬至四十三萬。牛五萬。羊二十八萬。上顧謂監牧張景順曰。我馬幾何其蕃育。卿之力也。對曰。帝之福也。仲之令也。臣何力之有。是爲當時頌德之詞。其實蕃育與否。固在地土水草。而尤在經畫得宜焉。

第三節　廣灌溉

韋武爲澤州刺史。鑿汾水灌田萬三千頃。

孟簡爲常州刺史。州有孟瀆。久淤。簡治導溉田凡四千頃。

杜佑決雷陂。以廣灌溉。斥海濱棄地爲田。積米至五十萬斛。

李元紘擢京兆尹。疏決三輔渠。時王公權要之家。治渠立磑以治水田。元紘一切毁之。百姓大獲其利。

第四節　榷茶酒

榷茶。始於唐貞元間。因天下嗜茶者日多也。蓋自陸羽著經。人益知飲茶。鬻茶者至陶羽形。置煬突間。爲茶神。有常伯熊者。復著茶功。於是尙茶成風矣。一時茶之名品甚多。劍南有蒙項石花或散芽。號爲第一。湖州顧渚之紫筍。東川有神泉昌明。硤石有碧澗月明房茱萸寮。福州有方山之生牙。夔州有香山。江陵水。湖南有衡山。岳州有㴩湖之含膏。常州有義興之紫筍。婺州有東白。睦州有鳩坑。洪州有西山之白露。壽州有霍山之黃芽。蘄門月團。而浮梁之商貨不在焉。德宗建中元年。納戶部侍郎趙贊議。稅茶十取一。以爲常平本錢。旋卽罷之。貞元九年。復稅茶。先是諸道鹽鐵使張滂奏請於出茶州縣及茶山商人要路。以三等定估。十稅其一。詔可。委滂具處置條目。每歲得錢四十萬貫。茶之有稅。自此始。穆宗時王播乃增天下茶稅。率百錢增五十。江淮浙東西嶺南福建荆襄茶。播自領之。兩川以戶部領之。武宗時。崔珙又增江淮茶稅。是時茶商所過州縣有重稅。而私販起矣。正稅茶商多被私販茶人侵奪其利。此大中初年。鹽鐵轉運使裴休所以請釐革橫稅。以安商旅也。

榷酒。始於漢武。唐代則起自代宗廣德二年。敕天下州各量定酤酒戶。隨月納稅。除此外不問官私。一切禁斷。大歷六年。量定三等。逐月稅錢。並充布絹進奉。建中三年。制禁人酤酒。官司置店自酤。收利以助軍費。貞元二年。復禁京城畿縣酒。天下置肆以酤者。每斗榷百五十錢。其酒戶與免雜差役。獨淮南忠武宣武河東。榷麴而已。會昌六年。敕揚州等八道州府置榷麯。幷置官店酤酒。代百姓納榷酒錢。幷充資助軍用。限揚州陳許汴州襄州河東五處榷麯。浙東浙西鄂岳三處置官店酤酒。聞禁止私酤。官司過爲嚴酷。一人違犯。連累數家。今後如有百姓私酤及置私麯者。但許罪止一身。並不得追擾。至唐代掌酒之官。則仍前代之舊。晉有酒丞。齊有酒吏。梁曰酒庫丞。隋曰良醞署令丞各一人。唐卽因之。

第五節　創兩稅

唐初賦斂之法。曰租庸調。租者給以田而收其租也。庸者用其力。以二十日爲限。不役者則收其傭日絹三尺。調者隨鄉土之所宜。而輸織物也。此法以人丁爲本。有田則有租。有身則有庸。有戶則有調。版籍瞭然。無騷擾隱匿之弊。自天寶亂後。北方凋耗。版籍難稽。德宗時。富民丁多率爲官爲僧。以避課役。下戶旬輸月送。不勝困弊。率皆逃徙。其土著者百無四五。楊炎乃創行兩稅法。先計州縣每歲所用。及上供之數。而賦於民。量出制入。戶無主客。以見居爲簿。人無丁中。以貧富爲差。悉省租庸雜役。按其等級分期均收其稅。夏期無過六月。秋期無過十一月。故名曰兩稅。天下便之。所謂隨民之有田者稅之。不復稅其中丁。後之爲國者。多遵其法焉。

第六節　屯田

唐代大興屯田。而玄。肅。間。及憲。文。時。尤。盛。開元二十五年。令諸屯隸司農寺者。每三十頃以下。二十頃以上。爲一屯。隸州鎭諸軍者。每五十頃爲一屯。應置者。皆從尙書省處分。其舊屯重置者。一依承前封疆爲定。新置者並取荒閑無籍廣占之地。其屯官取勳官五品以上及武散官等充之。上元中。於楚州古射陽湖置洪澤屯。壽州置芍陂屯。厥田沃壤。大獲其利。元和中。宰相李絳請開營田。可省度支漕運。及絕和糴欺隱。憲宗稱善。乃以韓重華爲振武京西營田和糴水運使。募人爲十五屯。每屯百三十人。人耕百畝。就高爲堡。東起振武。西逾雲州。極於中受降城。凡六百餘里。列柵二十。墾田三千八百餘頃。歲收粟二十餘萬石。太和末。王起奏立營田。後党項大擾河西。邠寧節度使畢諴亦募士開營田。歲收三十萬斛。

第七節　口分世業田

唐制。闊一步。長二百四十步爲畝。百畝爲頃。人民二十歲爲丁。男十六歲爲中男。給田一頃。十之八爲口分。二爲世業。老疾廢各給口分田四十畝。寡妻妾各給三十畝。口分田死則收之。與永業田皆不得買賣。惟轉徙及貧無以葬者。得賣永業田。田多可以足其人者爲寬鄉。

少者爲狹鄉。其自狹鄉徙寬鄉者。得幷賣口分田。容民遷徙。幷得私自賣易。故雖有公田之名。而爲私田之實。契約文書。自此始。古授田之制。亦自天寶以後。遂永不復行矣。

第八節 姚崇奏治蝗

穀之害蟲甚多。秦漢以前。曰螟曰螣曰蟊曰賊曰螽。其曰蝗者。秦漢以後之稱。蝗口器闊大剛銳。飛翔成羣。紛集田間。食稻立盡。害蟲之最甚者也。治蝗之說。前史闕如。蓋古人尚質。惟知修德以禳災。而不言救治。故以治蝗最力名者。自唐相姚崇始。當開元三年。山東大蝗。民祭且拜。坐視食苗不敢捕。崇因奏曰。詩云。秉彼蟊賊。付畀炎火。漢光武詔曰。勉順時政。勸督農桑。去彼螟蜮。以及蟊賊。此除蝗證也。且蝗畏人易驅。又田皆有主。使自救其地。必不憚勤。請夜設火。坎其旁。且焚且瘞。乃可盡。古有討除不勝者。特人不用命耳。乃出御史爲捕蝗使。分道殺蝗。汴州刺史倪若水上言。除天災者當以德。昔劉聰除蝗不克。而害愈甚。拒御史不應命。崇移書謂之曰。聰僞主。德不勝妖。今妖不勝德。古者良守。蝗避其境。謂修德可免。彼將無德致然乎。今坐視食苗。忍而不救。因以無年。刺史其謂何。若水懼。乃縱捕得蝗四十萬石。時議者諠譁。帝疑。復以問崇。對曰。庸儒泥文不知變。事固有違經而合道。反道而適權者。昔魏世山東蝗。小忍不除。至人相食。後秦有蝗。草木皆盡。牛馬至相噉毛。今飛蝗所在充滿。加復蕃息。且河南河北。家無宿藏。一不穫則流離。安危繫之。且討蝗縱不能盡。不愈於養以遺患乎。帝然之。黃門監盧懷愼曰。凡天災安可以人力制也。且殺蝗多。必戾和氣。願公思之。崇曰。昔楚王吞蛭而厥疾瘳。叔敖斷蛇福乃降。今蝗幸可驅。若縱之。穀且盡。如百姓何。殺蟲救人。禍歸於崇。不以累公也。蝗害訖息。史稱崇吏事明敏。裁決如流。又稱崇善應變成務。觀其治蝗益信矣。

第九節　袁高請給牛

代宗時。關輔多事。百姓貧。田荒茀。詔諸道上耕牛。委京兆府勸課給牛。不滿五十畝不給。時袁高爲給事中。請不滿五十畝者。兩戶共給一牛。從之。蓋牛爲耕農之本。百姓所仰爲用者最大也。

第十節　安士卒

自唐以來。多有以耕稼之事。安置士卒者。而郭子儀。賓樹之表率。其在河中。以軍食常乏。乃自耕百畝。將校以是爲差。士卒皆不勸而耕。野無曠土。軍有餘糧。足爲後世兵隊遣散無策者取法。

第十一節　重書器

唐自貞觀以後。雖尙文治。而設勸農使爲專職。一二賢臣名士。輒復著書講樹藝。德宗時。以中和節令文武百辟進農書。文宗太和二年。內出水車樣。令京兆造給鄭白渠溉田。重視書器。其事固有足多者。除醴泉令馮伉著有諭蒙書外。其他專書有數種。

（一）四時纂要　韓氏撰。爲我國農書冠。與年中行事相合。

（二）茶經　陸羽撰。羽嗜茶。經分十類。以東川獸目。棉州松嶺。雅州露芽。南康雲居。饒地仙芝。霍山黃芽。蘄門團黃。臨江玉津。蜀州雀舌。鳥嘴。潭州獨行靈章。彭州仙巖石花。袁州金片綠英。建安靑風髓。岳州黃翎毛。岳陽含膏冷。劍南綠昌明。爲我國茶名之最著者。

（三）耒耜經　陸龜蒙撰。龜蒙本唐之農家也。有田數畝。身負畚插。茠刺無休。其言曰。耒耜者古聖人之作也。余在田間。一日呼耕甿就而數其目。恍若登農里之庭。受播種之法。因書爲耒耜經。以備遺忘。經計一卷。編紀犂製特詳。

（四）園庭草木疏　王方慶撰。二十一卷。

器則以王方翼所造代耕關鍵最爲著名。方翼當高宗朝以功遷夏州都督。屬牛疫無以營農。乃造人耕之法。施以關鍵。使人推之。力省功多。視今之蒸汽犁。殆不難媲美。他若鳳翔節度使李惟簡鑄鎛鈔鉏斸以給農之不能自具者。歲增墾數十萬畝。若江南西道觀察使韋丹築堤扞江。竇以疏漲。此雖竇之大者。而亦瓦竇之類。瓦竇泄水器也。

第十二節　絲茶穀之流通

自漢至唐。絲茶早爲輸出大宗。唐時茶尤盛行。張滂王播先後皆以榷茶利國。稱所謂茶之說。至陸羽而備。茶之稅。自貞元而詳也。自回紇入朝。驅馬市茶。茶遂流通於外。至於穀則因劉晏理財而流通。晏在肅代朝。以理財名。其宗旨務使戶口蕃息。財賦滋生。而增其歲入之額。操術甚多。以穀易雜貨。卽其一也。穀取於民。以民之穀換商之貨。官用固足。而民穀亦流通矣。

第十三節　葡萄酒之製造

葡萄爲酒。傳自西域。大宛富人藏酒至萬餘石。積久不敗。彼俗傳云可二十年。欲飲之醉彌日乃解。唐以前時有貢獻。及太宗破高昌。收馬乳葡萄實。種於苑中。併得其酒法。仍自損益。

造酒成綠色。芳香酷烈。味兼醍醐。時有魏左相者。以能治酒。稱其名有醽醁翠濤。貯以大甖。十年味不敗。卽得大宛法也。太宗嘗賜詩曰。醽醁稱蘭生。（蘭生漢武百味酒名）翠濤過玉薤。（玉薤隋煬旨酒名）千日醉不醒。十年味不敗。

第三篇　中落及漸進時代

自五季至清是爲近世期

五季在歷史上本爲極慘怖極短促時代。易國更君。朝寇暮帝。人民偷生於鋒刃之下。顚隕不堪。農業之不足言。固矣。卽至宋藝祖受禪於周。而諸藩戰爭。民仍困苦。嗣後諸帝不少用心農事。如神宗之詔劉彝。蔡農田水利。高宗之置力田科。募民耕兩淮田。皆足稱善政。但一則意在清賦。一則重在增賦。所謂開科取士。以求實學。亦祇有求農之名。而無重農之實。並非教育農事人才。以藉興農業。故不振如故。元明兩代。皆恃漕運。計其弊害。有官農隔膜。賦斂煩重兩端。農業於此。遂不免日就衰落。蓋僅存空虛之農政。絕無切實之農學。實爲衰落之一大原因。爲猶幸農書不絕。農產日多。中原蠶桑之利。雖因五季之亂漸失。而江左蠶桑實自此漸興。他若棉麻桑棗白臘烏臼等產物。宋元以後。均日形發達。明季徐光啓輩又出其所學。大足以改良。雖未能卽見實行。而泰西新法。漸明且漸知。故步自封。窳陋自守之非。計我國農業之轉機。實基於此。清世祖蕩滅羣寇。未遑顧及實業。世宗繼之。注意振興。克致乾嘉富庶。開港以來。識時之士。鑒利權外溢。對於各業。咸謀發展保護之道。知新法之必行也。影響。遂稍稍及農於是改用田器。輸入種子。設立農學會。發行農學報。農界日漸進化。斯時。也是爲漸進時代。

第一章　五季

第一節　招懷流散

饑民流亡。以樹藝之道安置之。本爲殖民政策之一。而如張全義之爲河南尹。尤足爲殖民者。表率。時當黃巢之亂。繼以秦宗權孫儒殘暴。居民不滿百戶。四境俱無耕者。全義招懷流散。披荊棘。勸耕植。數年之後。都城坊曲。漸復舊制。諸縣戶口率加歸復。桑麻蔚然。野無曠土。全義出見田疇美者。輒下馬與僚佐共觀之。召田主勞以酒食。有蠶麥善收者。或親至其家。悉呼出老幼。賜以茶綵衣物。民間言張公不喜聲技。見之未嘗笑。獨至嘉麥良繭則笑耳。有田荒穢者。則集衆杖之。或訴以乏人牛。乃召其鄰里。責之曰。彼誠乏人牛。何不助之。衆皆謝。乃釋之。由是鄰里有無相助。比戶皆有蓄積。凶年不饑。遂成富庶焉。

第二節　詔務農桑

五季農事不足言。其較可稱述者。莫過後周。太祖固注意及農。而世宗尤勤於民事。觀其詔命。可推知也。太祖廣順元年。敕農桑之務。衣食所資。一夫不耕。有艱食之慮。一婦不織。有無褐之虞。詔諸道府州長吏宜勸課農桑。以豐儲積。編民樂業。仍倍撫綏。世宗顯德二年。詔天下厚農桑。薄技巧。三年。命工刻木爲耕夫織女狀於禁中。召近臣觀之。至若特圖均田圖。頒賜諸道。檢定民租。以紓民困。此皆世宗之銳意爲治。故五代令主。首推及焉。

第三節　得瓜種

古時。廬畔種瓜。以盡利地。詩所謂中田有廬。疆埸有瓜者是也。瓜種不一。其用有二。菜瓜所以供菜。黃瓜冬瓜是也。果瓜所以供果。甜瓜西瓜是也。西瓜者。以其種出西域。因以名焉。鴿陽令胡嶠陷回紇歸。得瓜種。以牛糞種之。結實如斗大。味甚甘美。卽爲西瓜。

第四節　被蝗災

蝗螟害稼。農夫得而殺之。然古代人民。多委諸天災。而不知救治。救治矣。亦必藉國家之功令。此蝗災之見。所以無代無之也。後晉天福之末。天下大蝗。連歲不解。行則蔽地。起則蔽天。禾稼草木。赤地無遺。其蝻之甚也。流行無數。甚至浮河越嶺。踰地渡塹。如履平地。爰命百姓捕蝗一斗。以粟一斗償之。有司官員。捕蝗使者。不得少有稽滯。雖以粟償蝗。未免過多。然當民束手坐視。欲鼓舞而振起之。舍是末由。故治蝗之法。除唐之姚崇外。是亦最著者也。

第二章　宋

第一節　立制限田

農田之制。自五代以兵戰為務。條章多闕。周世宗始遣使均田。宋太祖卽位。循用其法。命官分詣諸道。苛暴失實者。輒遣黜。景德以來。四方無事。百姓康樂。戶口蕃庶。田野日闢。仁宗卽位之初。上書者言賦役未均。田制不立。因詔限田。公卿以下。毋過三十頃。衙前將吏應復役者。毋過十五頃。止一州之內。過是者論如違制律。以田賞告者。雖未幾卽廢。然意在恤農。有宋一代。賢君。允以仁宗稱首。南宋理宗時。賈似道當國。知臨安府劉良貴等。獻買公田之策。似道韙之。乃命臺諫上疏。請復祖宗限田之制。以官品計頃。以品格計數。將官戶田產逾限之數。抽三分之一。回買以充公田。但得一千萬畝之田。每歲可收六七百萬石之米。帝從之。詔買公田。初猶有抑強削富之意。後則吏恣操切。民失實產。而力竭矣。

第二節　免稅沙田

宋時征稅與唐同。分夏秋兩期。田亦不一。一曰公田。官莊屯田營田。賦民耕而收其租者是

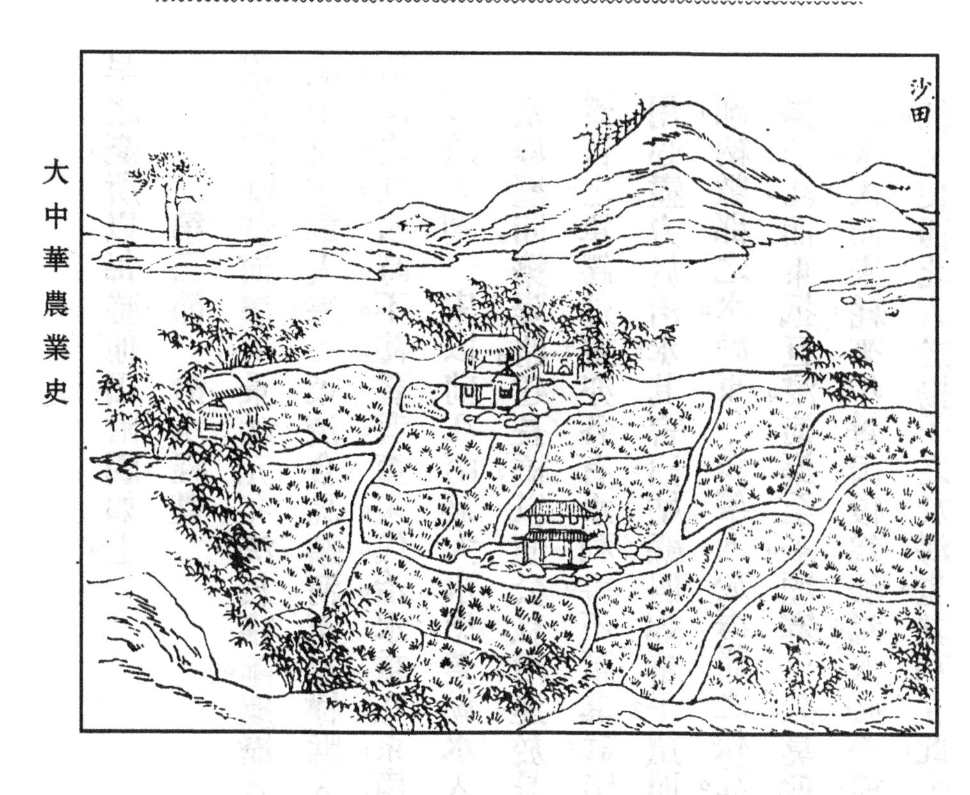

也。二曰民田。百姓各得專之者是也。至坍江之田。因沙淤成廢復不常。故畝無定數。稅亦無定額。乾道年間。近習梁俊彥請稅沙田以助軍餉。既施行矣。時相葉顒奏曰。沙田者乃江濱出歿之地。水激於東。則沙漲於西。水激於西。則沙復漲於東。百姓隨沙漲之東西而田焉。是未可以爲常也。且比年兵興。兩淮之田租並復至今未徵。況沙田乎。其事遂寢。時論是之。

沙田或濱大江。或峙中州。四圍蘆葦叢生。以護堤岸。地常潤澤。年保豐熟。普爲塍埂。可種稻秫。間爲聚落。可藝桑麻。非中貫湖溝。卽旁繞大港。旱則平溉。澇則洩水。無水旱之憂。所以每勝他田。附圖如上。

第三節　治水經畫

宋仁宗時。黃河屢決。景祐元年決於橫隴。慶歷八年復決於商胡。分爲二派。一北流合永濟渠至乾寧軍入海。一東流合馬頰河至無棣縣入海。二流迭爲開閉。是爲黃河大徙之三。而治河之功。當時不甚著者。蓋宋代治水。重在東南故也。試分述其較大者。

（一）疏太湖　宋以前江南無大水患。蓋湖水入江。江水入海。所謂安流未有隄障也。至仁宗慶歷間。築隄路。建長橋。以便公私漕運。於是江流噎而湖水壅。范仲淹書陳利害。蘇軾繼言之。單諤郟亶。亦各有水利書。不厭其詳。惜當時不能用也。范公以經綸天下之大材。用心盡力於治水。其言曰。姑蘇四郊略平。窊而爲湖者十之二三。西南之澤尤大。謂之太湖。納數郡之水。湖東一派。濬入於海。謂之松江。積雨之時。湖溢而江壅。橫沒諸邑。雖北壓揚子江而東抵巨浸。河渠至多。堙塞已久。莫能分其勢矣。惟松江退落。漫流始下。或一歲之水。久而未耗。來年暑雨。復爲沴焉。人必薦飢。可不經畫。今疏導者。不惟使東南入於松江。又使西北入於揚子之於海也。其利在此。公之親開海浦也。雖議者阻之。而銳意完具。

卒疏浚橫潦數年大稔後至紹興時諫議大夫史才亦建策治太湖才之言曰浙西民田最廣而平時無甚害太湖之利也近年瀕湖之地多爲兵卒侵據累土增高長堤彌望名曰壩田旱則據之以溉而民田不沾其利澇則遠近泛濫而民田盡沒欲乞盡復太湖舊迹使軍民各安田疇均利可知太湖在宋時疏導誠不容緩

（二）捍海潮　仁宗天聖初范仲淹監泰州西溪鹽倉時海堰久廢民苦潮汐田不可耕范公具書白發運副使張綸奏上以公知興化縣董修築之役會大雨雪波濤洶湧役夫散走旋濘而死者百餘人於是羣相譁言堰不可成朝廷將罷其役詔轉運使胡令儀同公度可否令儀常宰海陵熟知潮患力主公議未幾以憂去綸表請身自董役踰年堰成自呂洪至徐瀆連接數百里外捍海潮內護鹽河民田其利至溥名曰范公堤所以傳人也後淳祐年間江南定海縣亦築成石塘高十有一層側厚數尺敷平倍之表六千五十尺有羸基廣九尺役夫匠軍民積土至三千餘萬而人不告勞閱春夏二時舍田趨役而農不告病蓋以抑潮捍海之利塘爲最切要也

第四節　備荒政法

宋代備荒之政。甚詳而法亦嚴焉。如辛棄疾之帥湖南。賑濟榜文。祇用八字。曰刼禾者斬。閉糴者配。趙抃之知越州。出官粟諭富人。而以家貲先之。下令修城。使民自食其力。遂完城四千一百丈。富弼之知青州。募民出粟。范仲淹之鎮浙西。興工佐食。皆政績之最著者也。他若范鎮。蘇軾。程頤。呂祖謙。曾鞏輩。亦皆有擘畫。而社倉法。與淳熙勅。尤爲古來所傳述。分記於左。

乾道四年。建民艱食。朱熹請於府。得常平米六百石賑貸。使民夏受粟於倉。冬則加息什二以償。歲歉則弛其息之半。大祲則盡弛之。凡十有四年。以原數六百石還府。得息米三千二百石。以爲社倉。不復收息。每石止收耗米三升。故一鄉四十五里間。雖遇歉年。民不缺食。淳熙八年。詔下其法於諸路。諸路稱便。

淳熙勅曰。諸蟲蝗初生。若飛落。地主鄰人。隱蔽不言。者保不卽時申舉撲除者。各杖一百。許人告報。當職官承報不受理。及受理而不卽親臨撲除。或撲除未盡。而妄申盡淨者。各加二等。諸官司荒田牧地。經飛蝗住落處。令佐應差募人取掘蟲子。取不盡。因致次年生發者。杖一百。諸蝗蟲生發飛落及遺子。而撲掘不盡。致再生發者。地主耆保各杖一百。又詔因穿掘打撲損苗種者。除其稅。仍計價官給地主錢。數毋過一頃。治蝗。之法。莫。嚴。於。此。

第五節　樹藝成績

(一)旱稻　江翺爲汝州魯山令。邑多苦旱。乃從建安取旱稻種。耐旱而繁實。且可久蓄。種之高原。歲歲足食。真宗因兩浙旱荒。命於福建取占城稻三萬斛散之。仍以種法下轉運司示民。卽旱稻也。初止散於兩浙。後北方高仰處類有之。種法如種麥。治地畢。豫浸一宿。然後打潭下子。澆用稻草灰和水。每鋤草一次。澆糞水一次。至於三。卽秀矣。

(二)柑樹　李衡於武陵龍陽洲上。種柑千樹。謂其子曰。吾州里有千頭木奴。不責汝衣食。歲上一疋絹。亦足用矣。及柑成。歲輸絹數千疋。所謂木奴千。無凶年者。蓋有故也。柑爲橘屬。味特甘美。自漢以來。江南卽以產柑名。

第六節　茶馬貿易

自唐世回紇入貢。已開茶馬貿易之端。至宋始。置。茶。馬。司。專。主。之。熙寧七年。李杞入蜀經畫買茶。於秦鳳熙河等路。博馬。時杞爲提舉茶場。言賣茶易馬。固爲一事。乞同提舉買馬。詔如其請。併茶馬爲一司。專以茶易馬。馬之有用固矣。茶之一物。實爲西戎吐番所仰給。以其腥肉之食非茶不消靑稞之熱非茶不解故也宋代茶品莫貴於龍鳳團仁宗時造之始於丁謂成於蔡襄凡餅重一斤直金二兩然金可有而茶不可得故當時甚貴重之至於博馬舊皆以粗茶乾道末始以細茶遺之茶之產地以蘄黃廬舒光壽六州爲最著官自爲場十三六州采茶之民皆隸焉謂之園戶歲課作茶輸租。

第七節　置專司

太平興國中兩京諸路許民推練土地之宜明樹藝之法者一人縣補爲農師蠲其稅役令相見田畝肥瘠及五種所宜某家有某種某戶有丁男某人有耕牛卽同鄉三老里胥召集餘夫分畫曠土勸令種蒔候歲熟共取其利民有飲博怠於農務者農師謹察之眞宗時錢彥遠疏本朝轉運使提點刑獄知州通判皆帶勸農之職而徒有虛文無勸農之實宜置勸農司以知州爲長官通判爲佐至熙寧新法行呂惠卿請置司農寺丞一員五年增置丞四員仍與簿輪出按察逐年保甲元豐四年減丞一員建炎時雖罷司農寺而紹興三年復置丞二員凡有合行事務申戶部施行四年復置如舊制。

第八節　行新法

神宗年少氣銳。慨然有改革振興之志。越次用王安石參政。議行新法。茲將有關於農者記之。

(一)農田水利法　宋自太祖以後。闢田愈多。生齒愈加。安石乃置分遣諸路常平官檢察之。數年之間。諸路得廢田萬一百九十三處。三十六萬一千一百七十八頃有奇。

(二)方田均稅法　以東西南北各一千步。當四十一頃六十六畝一百六十步爲一方。歲以九月縣委令佐分地計量。隨陂原平澤而定其地。因赤淤黑壚而辨其色。方量既畢。以地及色。參定肥瘠。而分五等。以定其稅則。

(三)青苗法　始於唐德宗時。宋時陝西轉運使李參。以部內多戍兵。而糧儲不足。令民自隱度麥粟之嬴。先貸以錢。俟穀熟還官。號青苗錢。經數年廩有餘糧。安石謂其法較善於常平廣惠倉。令推行於諸路。使兼幷之家。不能乘急要利。而國家可多一歲入。春貸秋收。徵子金二分或三分。

(四)保馬法　保甲願養馬者。戶一匹。物力高願養二匹者聽。皆以監牧見馬給之。或官與直。令自市。除襲逐盜賊外。乘越三百里者有禁。歲一閱其肥瘠。死病者補償。

（五）市易法　略同漢之平準法。以內藏錢。置市易務於京師。凡貨之可市及滯於民而不售者。平其價市之。願以易官物者聽。貸資於商賈。度其田宅或金帛爲抵當。責期使償。半歲輸息十一。及歲倍之。過期不輸。息之外更加罰錢。

第九節　推行經界

經界者。農田之畛域也。經界不正。貧富不得其實。而占隱侵漁之弊起矣。宋臣言之者有二人。

（一）李椿年　椿年爲左司員外郎。紹興十二年。言經界不正十害。乃以椿年爲兩浙運使。專委措置經界。請先往平江諸縣。俟其就緒。卽往諸州。要在均平。不增稅額。陂塘塍埂之壞於水者。官借錢以修之。

（二）朱熹　光宗時。知漳州朱熹。奏言經界最爲民間莫大之利。紹興已推行處。圖籍尙存。田稅可考。貧富得實。訴訟不煩。公私兩便。獨漳汀泉三州未行。細民業去稅存。不勝其苦。而州縣坐失常賦。日朘月削。安可底止。臣切獨任其必可行也。然行之詳。則足爲一定之法。行之略。則適滋他日之弊。此法之行。貧民下戶皆所深喜。然不能自達其情。豪家猾吏。

實所不樂皆喜爲辭說以惑羣聽賢士大夫之喜安靜厭紛擾者又或不深察而望風沮怯此則不能無慮今已仲秋向去農隙只有兩月乞即詔監司州郡施行漳泉二州被命相度而泉州操兩可之說上令先行於漳州明年春詔漕臣陳公亮同熹協力奉行而南方地煖農務既興已非其時熹獨冀嗣歲可行益加講究每謂經界半年可了以半年之勞而革數百年之弊向後亦須五十年未壞合令四縣作四樓以貯簿籍州作一樓以貯四縣圖帳條畫既備細民知其不擾而利於己莫不鼓舞而貴家豪右占田隱稅侵漁貧弱者胥爲異論以搖之至有進狀言不便者前詔遂格議者惜之

第十節　幸存書圖

宋代無切實之農學而農書多存實爲幸事天禧四年召館閣校勘土牛經禾譜農器譜茶錄此外專書有數種

(一)農書　陳旉撰三卷上卷論農事中卷論養牛下卷論養蠶多發揮其理

(二)蠶書　秦湛作一卷我國言蠶專書自此始

(三)救荒活民書　董煟編著對於儲蓄救濟之方纖悉具備法良意美洵救荒者之中流

十壺也。

（四）荔枝譜　蔡襄述。七篇。一原本始。二標尤異。三誌賈鬻。四明服食。五愼護養。六時法制。七別種類。譜爲閩中荔枝而作。荔枝有譜。自此始。

（五）橘錄　韓彥直撰。三卷。上卷載橘品八。橙品一。中卷載橘品十八。以泥山乳柑爲第一。下卷則言種植之法。

（六）筍譜　吳僧贊寧撰。書分五類。一之名。二之出。三之食。四之事。五之說。

（七）菌譜　陳仁玉撰。南宋時台州之菌。爲食單所重。故此譜備述其土產之名。品曰合蕈。曰稠膏蕈。曰栗殼蕈。曰松蕈。曰竹蕈。曰麥蕈。曰玉蕈。曰黃蕈。曰紫蕈。曰四季蕈。曰鵝膏蕈。凡十一種。各詳其所生之地。所採之時。與其形狀色味。

（八）桐譜　陳翥撰。一卷。述桐之事。凡十篇。足補農說。

（九）茶錄　蔡襄撰。二卷。襄以陸羽茶經不載閩產。丁謂茶圖但論採造。乃作此書。上篇論茶。下篇論茶器。

（十）北山酒經　朱肱撰。三卷。麴方釀法。粲然備列。足補齊民要術之遺。

(十一)酒譜　竇苹撰。凡酒之源之名之事之功。以及性味與酒器。不少故實。

(十二)耕織圖詩　於潛令樓璹作。凡耕圖二十一。織圖二十四。各系以詩。

第十一節　造給踏犂

踏犂亦耒耜之遺制也。古謂之蹠鏵。伊尹用以興土工。又謂長鑱。柄長三尺餘。後偃而曲。上有橫木如拐。以兩手按之。用足踏其鑱柄後跟。其鋒入土。乃捩柄以起發。在園圃區田。皆可代耕。比於钁劚。用力省而得土多。淳化五年。內出踏犂數千。分給宋亳人戶。先是太子中允武允成獻踏犂一具。不用牛。以人力運之。至是宋亳間牛多死。求得此制。令尚方工官造成數千具。遣直史館陳堯叟齎於宋州。大起冶鑄。以給與貧民。景德二年。又出踏犂式。付河北轉運使。令詢訪民間。可用則官造給之。河朔戎寇之後。耕具頗闕。淮楚間民用踏犂。凡四五人力可比牛一具。自尚方造樣。

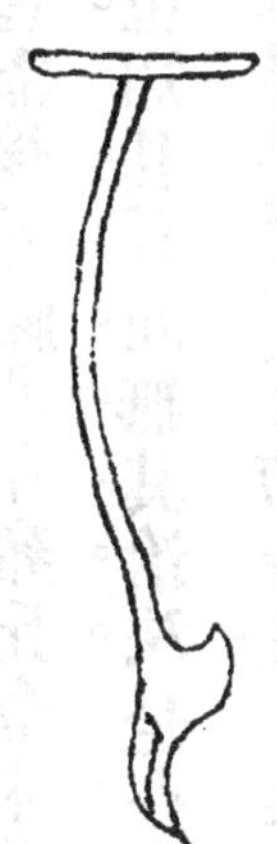

第十二節　發現害蟲

穀盜爲穀類害蟲。體形長橢圓。稍大於蚌。黑褐色。觸角作棍棒狀。幼蟲名蚜蚄。狀似小蠶。頭赤。蝕害穀類不減於蝗。唐開元時。榆關有蚜蚄。延及平州界。至宋元豐中。慶州界生此蟲。方爲秋田之害。忽有蟲如土中狗蝎。其喙有鉗。千萬蔽地。遇蚜蚄則以鉗搏之。悉爲兩段。旬日皆盡。後元祐八年。雍丘令米芾有書言縣有蟲食麥葉不食實。豆麥未嘗有蟲。有蟲蓋異事也。知其異而無其治法。是亦農學未溥故也。（按氾勝之書曰。牽馬令就穀堆食數口。以馬踐過爲種。無蚜蚄等蟲。是漢時已有其法矣）

第十三節　陳翥植桐

慶歷八年。陳翥植桐於家後西山之南。其地厥土黃壤。本桐所宜。翥乃南栽戟榆。北樹槿籬。餘桐皆布於內。凡數百株。數年森然。始知桐之易成也。其種不一。曰紫桐。花紫實堪賣。嚼曰白桐。花白而不實。曰油桐。一名膏桐。實可壓油。曰刺桐。桐體有巨刺而文理細密。曰賴桐。身青葉圓。高三四尺。即有花無實。另一種皮白葉青。子可噉者。人多植之。名曰梧桐。

第十四節　朱肱釀酒

古有以善釀名者。焦革以後。朱肱其最著也。革之酒法。唐王績曾追述之。至肱之釀造方法。尤詳。肱當元祐間。寓杭之大隱坊。著書釀酒。有終老之志。無求子。大隱翁。皆其自號也。擇要記其釀造方法於左。

(一)葡萄酒　酸米入甑蒸氣。上用杏仁五兩。葡萄二斤半。與杏仁同於砂盆內一處。用熟漿三斗。逐旋研盡爲度。以生絹濾過。其三斗熟漿潑飯軟。蓋良久。出飯攤於案上。依常法候溫。入麴搜拌。

(二)地黃酒　地黃擇肥實大者。每米一斗。生地黃一斤。用竹刀切。略於木石臼中搗碎。同米拌和。上甑蒸熟。依常法入醞。

(三)菊花酒　九月取菊花。曝乾揉碎。入米饙中蒸。令熟。醞酒如地黃法。

(四)酴醾酒　七分開酴醾。摘取頭子。去青蕚。用沸湯綽過。紐乾。浸法酒一升。經宿。漉去花頭。勻入九升酒內。此洛中法也。

麴爲酒母。最關重要。故肱之麴。方尤多。如罨麴有頓遞祠祭香泉、香桂、杏仁四種。風麴有瑤泉、金波、滑臺、豆花四種。䴾麴有玉友、白醪、小酒、真一、蓮子五種。頓遞祠祭麴方。用小麥一石。磨白麵六十斤。分作兩栲栳。使道人頭、蛇麻花水共七升。拌和似麥飯。入下項藥。白朮二兩半。川芎一兩。白附子半兩。瓜蒂一個。木香一錢半。搗羅爲細末。勻在六十斤麵內。

道人頭十六斤。虵麻八斤。揀擇剉碎爛搗。用大盆盛新汲水浸。攪拌似藍澱水濃爲度。祇收一斗四升。將前麵拌和令勻。

右件藥麵拌時須乾溼得所。不可貪水。握得聚。撲得散。是其訣也。用麤篩隔過。所貴不作塊。

按令實用厚複蓋之。令煖。三四時水脈勻。或經宿夜氣留潤亦佳。方入模子。用布包裹實踏。

預治淨室無風處安排。先用板隔地氣。下鋪麥䅌約一尺。浮上鋪箔。箔上鋪麴。看遠近用草人子爲槊。上用麥䅌蓋之。又鋪箔。箔上又鋪麴。依前鋪麥䅌。四面用麥䅌劄實風道。上面更以黃蒿稀壓定。須一日兩次覷發得緊慢。傷熱則心紅。傷冷則體重。若發得熱。周遭麥䅌微溼。則減去上面蓋者。幷取去四面劄塞。令透風氣。約三兩時。或半日許。依前蓋覆。如冷不發。卽添麥䅌厚蓋。約發十餘日。將麴側起。兩兩相對。再如前罨之。蘿瓦(立曰蘿側曰瓦)日足。然後出草。

第三章 遼金元

第一節 農牧

遼起於北方。生生之資。仰給畜牧。雖自聖宗以後。沿邊各置屯田。在屯者力耕公田。又募民耕灤河曠地。十年始租。固未嘗不重農穀。然究不若牧足稱焉。其時諸牧監。北面有西路羣牧使司。有倒塔嶺西路羣牧使司。有洋河北馬羣司。有漠南馬羣司。有漠北滑水馬羣司。南面則有司農寺。

第二節　農兵

金行舉國皆兵之制。太祖時。以三百戶爲一穆昆。十穆昆爲一明安。貝勒統之。平時則課其所屬耕牧。有事則率之出戰。及得中原後。慮漢民懷貳。移種人散處中原。給地屯種。以功臣爲明安穆昆總之。世襲其職。不隸州縣。世宗時。患種人爲漢民害。令其衆自爲保聚。土田與漢民犬牙相入者。互易之。各有界址。章宗時。主兵者謂種人田少。請括民田之冒佔者給之。於是種人倚國威侵奪民田。漢民怨之徹骨矣。

第三節　田琢請屯田

田琢於宣宗貞祐三年。爲河北西路宣撫副使。上疏請屯田。可知金雖無農事足稱。而當時亦有謀及根本者。其言曰。河北失業之民。僑居河南陝西。蓋不可以數計。百司用度。三軍調發。一人耕之。百人食之。其能贍乎。春種不廣。收成失望。軍民俱困。實繫安危。臣聞古之名將。

雖在征行。必須屯田。趙充國諸葛亮是也。古之良吏。必課農桑以足民。黃霸虞詡是也。方今曠土多游民衆。乞明勑有司。無蹈虛文。嚴升降之法。選能吏勸課。公私皆得耕墾。富者備牛出種。貧者傭力服勤。若又不足。則教之區種。期於盡闢而後已。官司圉牧勢家兼幷。亦籍其數而授之農民。寬其負算。省其徭役。使盡力南畝。則蓄積歲增。家給人足。富國強兵之道也。

第四節　高汝礪諫榷油

油爲人民日常所必需。農產製造中一大宗出品也。金宣宗興定三年。提舉榷貨司王三錫建議榷之。高琪以爲可。高汝礪乃上疏曰。古無榷法。自漢以來。始置鹽鐵酒榷。均輸官以佐經費。末流至有算舟車稅間架。其征利之術。固已盡矣。然亦未聞榷油也。蓋油者世所共用。利歸於公則害及於民。故古今皆置不論。亦厭苛細而重煩擾也。國家自軍興。河南一路。歲入稅租不啻加倍。又有額徵諸錢。橫泛雜役。無非出於民者。而更議榷油。歲收銀數十萬兩。夫國以民爲本。當此之際。民可以重困乎。若從三錫議。是以舉世通行之貨。爲榷貨。私家常用之物。爲禁物。自古不行之法。爲良法。竊爲聖朝不取也。若果行之。其害有五。臣請言之。河南州縣。當立務九百餘所。設官千八百餘員。而胥隸工作之徒不與焉。費既不貲。而又創構屋宇奪買作具。公私俱擾。殆不勝言。至於提點官。司有升降決罰之法。其課一虧。必生抑配之弊。小民受病。益不能堪。其害一也。夫油之貴賤。所在不齊。惟其商旅轉販。有無相易。所以其價常平。人易得之。今既設官。各有分地。輒相侵犯者有罪。是使貴處常貴。而賤處常賤。其害二也。民家日用。不能躬自沽之。而轉鬻者增取利息。則價不得不貴。而用不得不難。其害三也。鹽鐵酒醋。公私所造不同。易於分別。惟油不然。莫可辨記。今私造者有刑。捕告者有賞。則無賴輩因之。得以誣搆良民。枉陷於罪。其害四也。油戶所置屋宇作具。用錢多。有司按業推定物力。以給差賦。今奪其業。而差賦如前。何以自活。其害五也。惟罷之便。

第五節　官之專任

自宋以來。長官皆以勸農署銜。元代亦然。世祖至元七年。則設大司農司。不治他事。專以勸課農桑爲務。分布勸農官。巡行郡邑。察舉農事成否。達於戶部。以殿最牧民長官。行之數年。功效大著。十四年罷。以按察司兼領勸農事。十八年改立農正院。二十年又立農務司。是年又改司農寺。達魯花赤一人。司農卿二人。二十五年仍爲大司農司。仁宗皇慶二年。定置大司農四人。陞從一品。卿。少卿二人。順帝至正十三年。立分司農司。又元時隨處隨事皆立提舉司。如木棉提舉司則專掌禾棉。惜農官其名。稅官其實。斂民之財。並非興民之利。故農業。不免衰落焉。

第六節　書之特著

元代農書以農桑輯要爲最著。流行亦最廣。蓋當時視爲經國要務。著爲功令者也。至元二十三年。詔以農桑輯要頒諸路。克勤厥職者以次陞奬。其怠於事者罷之。延祐二年。詔江浙行省印農桑輯要萬部。頒有司遵守勸課。天歷二年。頒行農桑輯要及栽桑圖。書凡七卷。爲世祖時司農撰。司農慮夫播植之宜。蠶繅之節。未得其術也。故對於耕種樹畜之法。言之頗詳。卷末則列歲用雜事。此外著者。尙有數種。

(一)農桑衣食撮要　魯明善撰。二卷。以農圃諸務分繫十二月。令使民了然於種藝斂藏之節。是亦留心民事。講求實用者。

(二)農桑通訣穀譜農器圖譜　王楨撰。二十二卷。敍述引據。言農事極詳。所載桿水諸器。尤切民用。足補齊民要術所未備。王氏農學本有足多。故其書亦爲千年來農家之翹然者。

(三)種樹書　俞宗本著。

第七節　注意植桑

(一)苗好謙　好謙元之農學家也至大二年獻種蒔之法其說分農民爲三等上戶地十畝中戶五畝下戶二畝或一畝以時收桑葚依法種植武宗善而行之至仁宗延祐三年以好謙所植桑皆有成效令各社出地社長領桑苗分給各社四年又令民分畦種之

(二)姜彧　彧知濱州時行營軍士多占民田擾民桑棗彧言於中書遣官分畫疆界强滑者治之課民種桑民謂之太守桑。

第八節　盛行種棉

宋元以前遠夷雖入貢木棉而我國民未以爲服官未以爲調也至宋元之間閩廣海通商船關陝壤接西域始行種棉得其利益元時福建諸縣皆有江東陝右亦多滋茂繁盛無異本土雖當時種藝不謹及不得其法致悠悠之論託之風土謂爲不宜而孟祺苗好謙暢師文王楨諸農學家皆能排貶其說且有專掌木棉之提舉司棉業卒大展盛行於國之東南境。附錄當時種法兩則於後。

栽木棉法。擇兩和不下濕肥地。於正月地氣透時。深耕三遍。擺蓋調熟。然後作成畦畛。每畦長八步。闊一步。內半步作畦面。半步作畦背。不劚二遍。用杷耬平。起出覆土。於畦背上堆積。至穀雨前後。揀好天氣日下種。先一日將已成畦畛。連澆三次。用水淘過子粒。堆於溼地上。瓦盆覆一夜。次日取出。用小灰搓得伶利。看稀稠撒於澆過畦內。將元起出覆土。覆厚一指。再勿澆。待六七日苗出齊時。旱則澆溉。鋤治。常要潔淨。穊則移栽稀則不須。每步只留兩苗。稠則不結實。苗長高二尺之上。打去衝天心。旁條長尺半亦打去心。葉葉不空。開花結實。直待綿欲落時爲熟。(見農桑輯要)

木棉穀雨前後種之。立秋時隨穫隨收。其花黃如葵。其根獨而直。其樹不貴高長。其枝幹貴乎繁衍。不由宿根而出。以子撒種而生。所種之子。初收者未實。近霜者又不可用。惟中間時月收者爲上。須經日晒。帶棉收貯。臨種時再晒。旋碾卽下。(見農桑通訣)

第九節　治水偉績

元代治水偉績。前後得兩人。

(一)郭守敬　守敬習水利。其學有不可及者。世祖召見。面陳六事。授提舉諸路河渠。加授銀符副河渠使。先是古渠在中興者。一名唐來。長四百里。一名漢延。長二百五十里。他州正渠十。皆長二百里。支渠大小六十八。灌田九萬餘頃。兵亂以來。廢壞淤淺。守敬更立牐堰。皆復其舊。至元二年。授都水少監。十二年。丞相伯顏南征。議立水站。命守敬行視河北山東可通舟者。得濟州大名東平泗汶與御河相通形勢。爲圖奏之。二十八年。有言灤河自永平挽舟踰山而上。可至開平。有言蘆溝自麻峪可至尋麻林。朝廷遣其相視。灤河不可行。蘆溝舟亦不通。因陳水利十一事。帝覽奏喜曰。當速行之。於是復置都水監。俾守敬領之。帝命丞相以下。皆親操畚牐倡工。待守敬指授而後行事。成宗大德二年。召至上都。議開鐵幡竿渠。守敬奏山水頻年暴下。非大爲渠堰。廣五七十步不可。執政吝於工費。以其言爲過。縮廣三之一。明年大雨。山水注下。渠不能容。漂沒人畜廬帳。幾犯行殿。成宗謂宰臣曰。郭太史神人也。其在西夏嘗挽舟遡流而上。究所謂河源者。又嘗自孟門以東。循黃河故道。縱橫數百里間。各爲測量地平。或可以分殺河勢。或可以灌溉田土。具有圖誌。至其造測驗器多種。則巧思亦有大過人者。

(二)賈魯　元時黃河屢決。漂沒極衆。自世祖至元中。徙出陽武縣南新鄉之流絕。以後恒有潰溢。順帝至正十一年。北侵安山。(江蘇碭山縣南)延及濟南河間。丞相托克托命魯爲工部尚書。總治河防。發河南北兵民十七萬。自黃陵岡(河南蘭封縣東北)南達白茅。(直隸長垣縣東)放於黃固(山東單縣)哈只(河南商邱縣)等口。又自黃陵西至楊青村。(山東曹縣西)約二百八十餘里。凡七閱月而功成。大赦天下。特命歐陽玄製河平碑。復從魯問方略。作至正河防記。河防書之載有治法。卽自此始。雖其時天災迭見。人民勞怨。元祚遂墟。然若魯之治河。奏功神速。實前古所未有。至其疏濬之方。及用土用石用鐵用木用草用絙等法。後世治河者。多遵用之。績亦偉矣。

第十節　開墾計議

元初用兵征討。遇堅城大敵。必屯田以守之。海內旣一。於是內而各衞。外而行省。皆立屯田以資軍餉。或因古制。或以地宜。要之墾荒足食。其策爲不可易也。至招徠開墾之法。則莫過於虞集。集當泰定時。爲翰林學士。其言曰。京師之東。瀕海數千里。北極遼海。南濱靑齊。萑葦之場也。海潮日至。淤爲沃壤。用浙人之法。築堤捍水爲田。聽富民欲得官者。合其衆分授以地。官定其畔以爲限。能以萬夫耕者。授以萬夫之田。爲萬夫之長。千夫百夫亦如之。三年後。

視其成。以地之高下定額。以次漸征之。五年有積蓄。命以官就所儲給以祿。十年不廢。得世襲如軍官之法。則近可得民兵十萬以衞京師。禦島夷。遠可紓東南萬里航海饋遺之危難。而江海游食輕剽之民亦率有歸。議中格。後竟以海運不繼。亟爲海口萬夫之設大都本集言而已。無及矣。

第十一節　修圍田

堤河而田其中謂之圩。農家曰圩者圍也。內以圍田。外以圍水。蓋河高田在水下。沿堤通斗門。每門疏港以漑田。故有豐年而無水患。以田制論。實近古之上法也。元至大初修浚圍田。以水爲平。平者爲第一等。

田高一尺爲第二等田高二尺爲第三等田高三尺爲第四等田高四尺爲第五等。

第十二節　收茶課

金代禁茶。以其時上下競啜。農民尤甚。市井茶肆相屬。商旅多易以絲絹。歲費不下百萬故也。至元則課茶。其制大率因宋之舊。先是世祖用運使白賡言。榷成都茶於京兆鞏昌。置局發賣。旋立西蜀四川監榷茶場使司掌之。既平宋。復用左丞呂文煥言。榷江西茶。又置榷茶都轉運司於江州。總江淮荆湖福廣之稅。嗣設管茶提舉一十六所。所收茶課。均歲有所增。茶業之發達。亦可見矣。

第十三節　造棉具

元初有媼黃婆者。從崖州來松江之烏泥涇。其地土田磽瘠。民食不給。因謀樹藝。以資生業。覓木棉之種。初無踏車椎弓之製。率用手剖去子。線弦竹弧。置案間振掉成劑。厥功甚艱。媼乃教造桿彈紡織之具。至於錯紗配色。綜綫挈花。各有其法。松之人既受教。競相作爲。轉貨他郡。家就殷實。未幾。媼卒。莫不感恩灑泣而共葬之。又爲立像祠焉。

第十四節　除蝗子

蝗蝻傳生甚速。此害之所以廣也。殄絕之法。除子最要。元代百年間。蝗傷路郡州縣。屢見不一。故其時每年十月。令州縣官一員。巡視境內有蟲蝗遺子之地。多方設法除之。可謂得其要矣。仁宗皇慶二年。復申秋耕之令。亦即此意。蓋秋耕則掩陽氣於地中。蝗蝻遺種。可翻覆壞盡也。

第四章　明

第一節　太祖重本

明太祖起自田間。備嘗艱勩。即位以後。即躬享先農。耕籍田於南郊。嘗命世子行田間。還諭之曰。汝嘗知吾農民之勞苦至此乎。夫農樹藝五穀。身不離泥塗。手不釋耒耜。國家經費。又所從出。故令汝知之。又嘗下令農民之家。許穿綢紗絹布。商賈之家。止許穿布。其重本抑末。有如此者。故對於農事。多所注意。擇要記如左。

（一）設營田使　渡江之初。庶務未遑。即以康茂才爲營田使。諭之曰。比兵亂。隄防頹圮。民廢耕作。而軍用浩殷。理財莫先於務農。故設營田司。命爾此職。巡行隄防水利之事。俾高無患乾。卑不患潦。務以時蓄洩。毋負委託。

(二)興水利　洪武四年。修治廣西興安縣馬援故所築靈渠三十六陡水可溉田萬頃。二十七年。遣監生人材詣天下督吏民修農田水利。而具勅天下諸陂塘湖堰可瀦蓄旱暵宜洩瀉防霖潦者。各因地修治。毋怠亦毋得妄興工役疲民。

(三)正經界　太祖念民貧富不均。遣國子生武淳等。隨所在稅糧多寡。定為九區。區設糧長四人。集耆民履畝丈量。圖其田之方圓曲直美惡寬狹。若丈尺書主名。及田四至。如魚鱗相比。次彙為册。謂之魚鱗圖册。經界於是乎始正。

(四)詔開墾　洪武二十年。詔陝西河東山東北平等處民間田土。聽所在民儘力開墾。為永業。毋起科。

(五)令置鼓　太祖令民每村置一鼓。凡遇農桑時月。晨起擊之。

第二節　孝宗更新

孝宗承英憲之後。力矯積弊。更新庶政。其時朝野清明。民物康阜。治績之卓著。實為明代諸帝所罕有。試記其關於農者四端。

(一)設預備倉　令各省每十里預積粟萬石。以此定州縣升黜。而民食始足。

(二)導三吳水　時三吳大水。帝命工部侍郎徐貫經理之。導太湖之水。散入澱山陽城崑承等湖。復導澱山湖由吳淞江入海。導崑承湖由白茆港入海。導陽城湖由七丫港入海、又開湖州之漊涇。洩天目山之水。使入太湖。開常州之百瀆。導大茅山之水。使入太湖。又開諸斗門。以洩運河之水。由江陰入大江。於是三吳水利大興。

(三)免田租　弘治六年。以水災故。蠲應天蘇松田租一百八十餘萬石。

(四)治河決　河水自太祖時。屢決於祥符中牟滎澤朝邑等處。英宗時。又決分為二。一自新鄉漫曹濮。合大清河入海。一自滎澤經祥符歷睢亳入渦口。至懷遠入淮。徐有貞治之。河水南趨而東流漸殺。憲宗時。又決於開封封邱等處。至是又決於開封。溢流為二。一自蘭陽縣東南至歸德。由徐邳入淮。一自封邱縣東經曹濮入張秋運河。郡邑多被害。汴梁尤甚。帝命戶部侍郎白昂治之。濬宿州古汴河。又濬歸德睢河。使河流入汴。汴入睢。睢入泗。泗入淮。以達於海。水患稍寧。然東流尚未安穩。未幾。復決於張秋。帝又命劉大夏治之。築太行隄。塞黃陵岡。使萬里長河之水。全入於一淮。是亦為黃河大徙之一。

第三節　一　賦役

明初定制。田賦十分取一。田有二。曰官田。曰民田。賦有二。曰夏稅。曰秋糧。以米麥錢絹數者並徵。役法亦因賦而定。丁夫出於田畝。民年十六成丁而役。六十而免。其後累朝更制。至神宗萬歷九年。創行一條鞭法。總括一州縣之賦役。量地計丁。丁糧畢輸於官。一歲之役。官爲僉募。力差則計其工食之費。量爲增減。銀差則計其交納之費。加以增耗。凡額辦派辦京庫歲需與存留供億諸費。以及土貢方物。悉併爲一條。皆計畝徵銀。折辦於官。於是賦役合一。一時稱便。然未幾。諸役猝起。復僉農氓。則一丁而兩役之。重其困矣。明自太祖時。定天下田賦。輕重頗有不均。蘇松嘉湖杭五處最重。倍徙於他方。江西之南昌袁瑞等處次之。青田等處則定爲永不起科之地。蓋明祖愛重劉基。所以加之惠也。

第四節　詳荒政

荒政不厭詳備。所以重民命。遏亂萌也。有明一代。自洪武歷永樂洪熙宣德正統以至萬歷。對於水旱災傷。莫不詔令賑恤。而一時臣工言之旣詳。法亦甚備。試述如左。

（一）林希元曰。救荒有二難。曰得人難。審戶難。有三便。曰極貧之民便賑米。次貧之民便賑錢。稍貧之民便賑貸。有六急。曰垂死貧民急饘粥。疾病貧民急醫藥。病起貧民急湯米。旣死。貧民急墓瘞。遺棄小兒急收養。輕重繫囚急寬恤。有三權。曰借官錢以糴。糴與工作以助。賑貸牛種以通變。有六禁。曰禁侵漁。禁攘盜。禁遏糴。禁抑價。禁宰牛。禁度僧。有三戒。曰戒遲緩。戒拘文。戒遺使。其綱有六。其目二十有三。卽所傳荒政叢言也。

（二）屠隆荒政考。凡三十條。一曰蠲歲租之額以蘇民困。二曰發積蓄之粟以救飢傷。三曰行官糴之法以資轉運。四曰勸富戶之賑以廣相生。五曰籍飢民之口以革冒濫。六曰躬賑糧之役以防奸吏。七曰詳村落之賑以遍窮簷。八曰行食粥之法以濟權宜。九曰設多才之策以宏仁恩。十曰厲揭販之禁以袪市姦。十一曰戒折價之令以來商糴。十二曰予民間之利以充贍養。十三曰留上供之粟以需賑濟。十四曰弛專擅之禁以救然眉。十五曰假便宜之權以倡民牧。十六曰節國家之費以業貧民。十七曰立常平之倉以善備賑。十八曰秉義社之倉以待凶荒。十九曰豫救荒之計以省後憂。二十曰先檢踏之政以免壅閼。二十一曰時奏荒之疏以急上聞。二十二曰嚴蠹災之罰以儆欺玩。二十三曰修水旱之備以責豫防。二十四曰躬祈禱之事以回天意。二十五曰厲勤苦之行以感人心。二十六曰廣道途之賑以集流亡。二十七曰申保甲之令以遏盜賊。二十八曰省荒後之耕以給將來。二十九日申閉糴之禁。以廣通融。三十日墾拋荒之田。以廓民產。皆所謂救荒之要策。經效之良方也。

（三）周孔教於萬歷間撫蘇。頒行荒政議。條款甚備。文告亦甚繁。古今救荒之事。幾無勿載。雖提綱皆本於林希元。而因時及地。其間不少損益。

（四）鍾化民官光祿寺丞。萬歷二十二年。河南大荒。化民督理荒政。請發帑留漕糧及事例積站等銀。并請便宜行事。從之。先是有司平米價。商販不至。飢民羣起搶刼。所在嚴兵守之。化民飛檄布政使。撤防勦兵。悉分置黃河口各運米所過。爲米船傳綽護送至境。米到任價高下。毋抑勒。米船併集。延袤五十里。石值五兩者。至是頓減價止八錢。諸所措施。如立粥廠。愼散銀。嚴舉劾。勸尚義。禁閉糴。散盜賊。捐錢糧。禁刑訟。釋淹禁。興挑濬。急賑救。贖飢民。收遺骸。搜節義。勸農桑。置學田。敦禮教等。俱詳賑恤事實中。活飢民四千七百四十五萬六千七百八十有奇。事終復命。繪救荒圖並說以進。上嘉其功。進太常少卿。此外若張朝瑞之復常平倉廒議。呂坤之積貯條件。劉世教之荒箸略。亦皆言荒政之最著者也。

第五節　水利

明代諸帝注意水利。既如上述。茲特詳臣之以水利名者。

（一）徐貞明　貞明念西北水利事。裏糧從二三屬吏解事者經度之。信其必可行。以爲京東輔郡。皆負山控海。負山則泉深而土澤。控海則潮淤而壤沃。諸州邑泉從地湧。一決卽通。水與田平。一引卽至。具可疏鑿成田。如密雲之燕樂莊。平峪之水峪寺及龍家務莊。三河之唐會莊。順慶屯地。皆其著者也。乃陳興水利十四便。益言甚悉。又謂行水之地。高則開渠。卑則築圍。急則激取。緩則疏引。其最下者。遂以爲受水之區。勢固不可强。如懷慶當丹沁下流。而眞定尤滹沱所必衝。安能久而無患。今致力當先於水源。先其源則流微而易御。田其上流則水殺而無衝激汎濫之虞。雖當時阻於浮議。疏上不果行。而貞明遍歷山海之境。披圖如指掌。洵治。治。水之有經驗者也。

（二）呂光洵　明代言東南水利者甚多。如成化五年夏元吉之奏治蘇松水利。弘治八年。徐貫之疏治東南水患。弘治十四年。吳巖之疏興水利以充國賦。弘治十六年。葉紳之請治水以防吳荒。嘉靖十年。胡體乾之疏舉水利六款。均頗著名。而呂光洵於嘉靖二十年。

巡歷吳地。條爲五事。尤詳所謂廣疏濬以備瀦洩。修圩岸以固横流。復板閘以防淤澱。量緩急以處工費。專委任以責成功是也。試詳其第一條。以見當時水之概況。其言曰。三吳古稱澤國。其西南翕受太湖陽城諸水。形勢尤卑。而東北際海岡隴之地。視西南特高。高者田常苦旱。卑者田常苦澇。昔人治之。高下曲盡其制。既於下流之地。疏爲塘浦。導諸河之水。由北以入於江。由東以入於海。而又畝引江潮。流行於岡隴之外。是以瀦洩有法。而水旱皆不爲患。近年以來。縱浦横塘。多堙塞不治。惟二江頗通。一曰黃浦。二曰劉家河。然太湖諸水。源多而勢盛。二江不足以洩。而岡隴諸支河。又多壅絕。無以資灌溉。於是上下俱病。而歲常告災。治之之法。當自要害始先治澱山等處一帶茭蘆之地。導引太湖之水。散入陽城昆承三泖等湖。又開吳淞江幷大盈趙屯等浦。洩澱山之水。以達於海。濬白茆港幷鮎魚口等處。洩昆承之水。以注於江。開七浦鹽鐵等塘。洩陽城之水。以達於江。又導田間之水。悉入於小浦。小浦之水。悉入於大浦。使流者皆有所歸。而瀦皆有所洩。則下流之地治。而澇無所憂矣。乃濬臧村等港。以溉金壇。濬澡港等河。以溉武進。濬艾祁通波。以溉青浦。濬顧浦吳塘。以溉嘉定。濬大瓦等浦。以溉崑山之東。濬許浦等塘。以溉常熟之北。

凡岡隴支河堙塞不治者。皆濬之深廣。使復如舊。則上流之地亦治。而旱無所憂矣。此三吳水利之大經也。

(三)潘季馴　嘉靖四十四年。河決豐沛。倒灌逆流。北出二股。一繞沛縣戚山。由秦溝衝茶城。一繞豐縣華山。漫入秦溝。又自華山而東。分爲一大股。出飛雲橋。散爲十三股。入漕至湖陵城口。又逾漕河。漫入昭陽湖。促沙河灌二洪。浩淼無際。季馴初任總河。治之。築沛縣東馬家橋堤。障水南趨秦溝。支河悉幷。所謂秦溝大河也。翌年罷任。隆慶四年再任總河。時河決邳州。注睢寧。由小河口入漕。明年又決邳州王家口。自雙溝而下。北決三口。南決八口。正河悉淤。河變已極。季馴乃大濬匙頭灣以下八十餘里。盡塞十一口。築縷堤三萬餘丈。故道漸復。是年冬。坐浮議罷去。萬歷五年。河淮大決。崔鎭高加堰。六年。季馴三任總河。塞崔鎭等決口百三十。大築河淮諸堤。閱三年。兩河工成。旋以言官劾庇張江陵落職。萬歷十六年。以頻年河屢決溢。復起用季馴。河復大治。前後治河凡十餘年。軺車所至。更數千里。與役夫雜處。畚鍤葦蕭間。不以爲苦。其功眞曠世難泯。其名亦千載不滅矣。

第六節　屯墾

屯墾爲足食足兵之要道。故歷代行之。但漢之屯田。止於數郡。宋之屯田。止於數路。唐雖有九百九十二所。亦無實效。惟明之太祖。加意於此。視古最詳。考其迹。則衛所有閒地。邊境有荒田。卽分軍以立屯。歲收子粒。爲俸糧。考其制。則每軍種田五十畝爲一分。或有多寡不等者。大率衛所軍士。以三分守城。七分屯種。以言其數。則外而遼東。一萬二千三百八十六頃。內地極安如浙江者。亦有二千二百七十餘頃。推之於南北二京。衛所陝西山西諸省。尤極備焉。至於成祖。留意邊計。所畫屯田法。亦甚具。命靖安侯王忠。往北平安屯田軍民。整理屯種。允工尙書黃福奏。給陝西行都司所屬屯田牛具。如北平例。諭令寧夏各屯。於四五屯內。擇一屯有水草者。四圍濬壕。廣丈五尺。深如廣之半。築土城高二丈。開八門。以便出入。而聚旁近四五屯輜重糧草於此。俾無警各分屯耕牧。有警則驅牛羊入保。使寇無所掠。防邊厚農。斯實一長略也。至論屯墾而最切近者。有諸葛昇之江淮墾田十議。汪應蛟之天津葛沽一帶海濱屯田疏。沈一貫之山東營田疏。耿橘之常熟開荒申。及徐光啓之墾田條議。

第七節　書籍

明代農書。多有改良農事價值。所謂農家之寶典也。分述如左。

（一）農政全書　徐光啓撰。六十卷。合時令農圃水利荒政諸大端。條而貫之。匯歸於一。誠所謂本末咸該。常變有備者也。因不第載農事。而多及於政典。故以農政爲名。就中水利數卷。遠法西洋。足增改良價値。明史傳光啓從西洋人利瑪竇學天文歷算火器。盡其術。崇禎元年。又與西洋人龍華民鄧玉函羅雅谷等同修新法歷書。故能得其一切捷巧之術。筆之書也。

（二）泰西水法　西洋熊三拔撰。六卷。皆記取水蓄水之法。首曰龍尾車。用挈江河之水。次曰玉衡車。附以專筒車。恒升車。附以雙升車。用挈井泉之水。次曰水庫記。用蓄雨雪之水。次曰水法附餘。皆尋泉作井之法。而附以療病之水。次曰水法或問。備言水性。又次則諸器之圖式也。

（三）茶書全集　喻政撰。取古人談茶多種。合爲一書。自唐陸羽之茶經。至明徐𤊹之茶譜。無不具備。

（四）救荒活民書補遺　宋董煟編著。元張大光新增。明朱熊補遺。

（五）救荒本草　周王橚撰。八卷。飢饉之歲。凡木葉草實可以濟農民者。皆著其說。復圖其狀。明史稱橚以國土夷曠。庶草蕃廡。考核其可佐饑饉者四百餘種。繪圖上之。卽指此也。

（六）野菜博錄　鮑山撰四卷。山嘗入黃山築室白龍潭上。七年。備嘗野蔬諸味。因次其品彙。別其性味。詳其調製。分草部木部各二卷。著爲此編。雖屬淺近。而當明末造饑饉相仍。此編固爲荒政之一端。抑亦仁者之用心也。

其他桂萼編有經世民事錄十二卷。王磐撰有野菜譜一卷。馬一龍撰有農說一卷。

第八節　牛具

農業上所用役畜。惟牛馬騾驢四種。牛之工作雖較緩。而力甚強。且亦持久。故我國自用牛耕以來。迄未變化也。洪武年間。命工部遣官往廣東買耕牛。給中原諸屯種之民。永樂時。命寶源局鑄農器。給山東等處被兵之民。徵耕牛於朝鮮。送至萬頭。每頭酬以絹一疋。布四疋。以其牛分給遼東諸屯土。又於北平陝西。各給屯田牛具。

第九節　課種麻棉桑棗

太祖令田五畝至十畝者。栽桑麻木棉各半畝。十畝以上倍之。有司親臨督勸。惰不如令者罰。又令戶部移文天下。課百姓植桑棗。里百戶種秧二畝。始同力運柴草燒地。已乃耕比三燒三耕已乃種秧。高三尺。分植之。五尺闊爲隴。每百戶。初年課二百株。次年四百株。三年六百株。栽種訖具如目報。違者謫戍邊。又以湖廣辰永寶衡等處宜桑而種者少。命於淮徐取桑種二十石。送其處給民種之。仁宗時。工給事中郭永清疏乞令有司如舊制嚴督里老百姓種桑棗。從之。宣宗時有建言洪武中。命天下栽桑棗。今斫伐殆盡。有司不督民更栽。致民無所資。上曰。古宅不毛者罰里布。祖宗養民意甚重。其申令郡縣督民以時栽種。仍遣官巡視。

第十節　始利白蠟烏臼

明時。白蠟最盛於蜀浙。次之烏臼。則江浙甚多。他果實雖佳。而論濟人實用。莫過於此。宋元人未之詳。至明始食其利焉。白蠟取自女貞樹。其利頗厚。烏臼收子取油。亦足生財。江浙人種者。樹大可收子二三石。子外白穰。壓取白油。可造燭。子中仁。壓取清油。然燈極明。塗髮變黑。可造紙。又可入漆。每收子一石。得白油十斤。清油二十斤。故其時有樹數株者。卽生平足用。不復市膏油也。臨安郡中。每田十數畝。田畔必種臼數株。其田主歲收臼子。便可完糧。如是者租額亦輕。佃戶樂於承種。謂之熟田。若無此樹。要當於田收完糧。租額必重。謂之生田兩省之人既食其利。凡高山大道。溪邊宅畔。無不種之。亦有全用熟田種者。取油之外。查仍可壅田。可燎爨。可宿火。葉可染皂。木可刻書及彫造器物。且樹久不壞。至合抱以上。收子逾多。故一種卽爲子孫數世之利。其種之佳者有二。曰葡萄臼。穗聚子大而穰厚。曰鷹爪臼。穗散而殼薄。

第十一節 張五典種棉法

棉之利。百倍於絲枲。元時雖盛。究僅萌芽也。至明則其種徧布於天下。所謂地無南北皆宜。之人無貧富皆賴之矣。張五典者山東信陽人。萬歷間按吳行部至海上。時六月初。祭視田間。花苗多羸弱。恨其三五爲族。卽根以上尺許無蓓蕾。恨其密也。曰江左賦繁役重。全賴田收。而樹藝無法。歲得半入。此傷農之大者。極論其理甚詳。悉手書種棉法一則。曰種之時在清明穀雨節。以霜氣既止也。種之方。或生地用糞耕蓋後種。或花苗到鋤三遍高聳。每根苗邊用熟糞半升培植。鋤非六七遍。盡去草茸不可。種之疏密。苗初頂兩葉時。止剗去草顆宜密。留以備死傷。再鋤倘宜稍密。三鋤則定苗顆宜疏。不宜密。大約每花苗一顆相距八九寸遠。斷不可兩顆連並。苗之去葉心在伏中晴日。三伏各一次。有苗未長大者。隨時去之。花性忌燥。燥則溼蒸而桃易脫落。花忌苗並。並則直起而無旁枝。中下少桃。種不宜晚。晚則秋寒。早則桃多不成實。卽成亦不甚大。而花軟無絨。去心不宜於雨暗。日雨暗去心。則灌聾而多空幹。此北方種花法也。北方地高寒。尙宜若此。況此中地溼燥。何可不以北法行之。

第十二節　黃省曾藝桑論

黃省曾明之種藝家也。其論藝桑曰。有地桑。出於南潯。有條桑。出於杭之臨平。其種也。耨地而糞之。截其枝。謂之嫁。留近本之枝尺許。深埋之。出土也寸焉。培而高之。以洩水。墨其瘢。或覆以螺殼。或塗以蠟。而瀝青油煎封之。是防梅雨之所侵。糞其周圍。使其根四達。若直灌其本。則聾而死。未活也。不可灌水。灌以和水之糞。二年而盛。其在土也。月一鋤焉。或二起翻也。必尺許。灌以純糞。遍沃於桑之地。使及其根之引者。不摘葉也。三年則其發茂。禁損其枝之奮者。桑之下。厥草木留則茂。蠶之時。其摘也。必潔淨。遂剪焉。必於交湊之處。空其幹焉。則來年條滋而葉厚。歲歲剪條則盛。桑之壅也。以糞。以蠶沙。以稻草之灰。以溝池之泥。以肥土。其初藝之壅也。以水藻。以綿花之子。壅其本則烄而易發。初春而修也。去其枝之枯者。樹之低小者。啓其根而糞泥壅之。不然則葉遲而薄。凡擇桑之本也。皺皮者其葉必小而薄。白皮而節疏芽大者。爲柿葉之桑。其葉必大而厚。是堅繭而多絲。高而白者。宜山岡之地。或牆隅而籬畔。其爲桑之害也。有桑牛。尋其穴。桐油抹之則死。或以蒲母草。草之狀也如竹葉。其桑葉之葉癩也。亦以草汁沃之。桑之下。可以藝蔬。其藝桑之園。不可以藝楊。藝之多楊甲之蟲。是食桑皮而子化其中焉。

第十三節　徐光啓除蝗疏

徐光啓。明之農學家也。考井田論開墾者。農遺雜疏。其學有不可及者。而除蝗疏。尤有研究之價值。雖蝗爲蝦變之說。徵諸昆蟲學。未足爲訓。而觀其最要三條例。足知當時蝗災情形記如左。

一蝗災之時。案春秋至於勝國。其蝗災書月者一百一十有一。書二月者二。書三月者三。書四月者十九。書五月者二十。書六月者三十一。書七月者二十。書八月者十二。書九月者一。書十二月者三。是最盛於夏秋之間。與百穀長養成熟之時。正相値也。故爲害最廣。小民遇此。乏絕最甚。若二三月蝗者。按宋史言二月開封府等百三十州蝗蝻復生。多去歲蟄者。漢書安帝永和四年五年。比歲書夏蝗。而六年三月書去歲蝗處復蝗子生。曰蝗蝻。蝗子則是去歲之種。蝗非蟄蝗。也聞之老農。言蝗初生如粟米。數日旋大如蠅。能跳躍羣行。是名爲蝻。又數日卽羣飛。是名爲蝗。所止之處。喙不停嚙。故易林名爲飢蟲也。又數日孕子於地矣。地下之子。十八日復爲蝻。蝻復爲蝗。如是傳生。害之所以廣也。秋月下子者。必依附草木。枵然枯朽。非能蟄藏過冬也。然秋月下子者十有八九。而災於冬春者百止一二。則三冬之候。雨雪所摧隕滅者多矣。其自四月以後而書災者。皆本歲之初蝗。非遺種也。故詳其所自生與其所自滅。可得殄絕之法矣。

一蝗生之地。按蝗之所生。必於大澤之涯。然而洞庭彭蠡具區之旁。終古無蝗也。必也驟盈驟涸之處。如幽涿以南。長淮以北。青兗以西。梁宋以東。諸郡之地。湖濼廣衍。暵溢無常。謂之涸澤。蝗則生之。歷稽前代。及耳目所睹記。大都若此。若他方被災。皆所延及與其傳生者耳。略摭往牘。如元史百年之間。所載災傷路郡州縣幾及四百。而西至秦晉。稱平陽解州華州各二。稱隴陝河中絳耀同陝鳳翔岐山武功靈寶各一。大江以南。稱江浙龍興南康鎮江丹徒各一。合之二十有二。於四百爲二十之一耳。自萬歷三十三年北上至天啓元年南還。七年之間。見蝗災者六。而莫盛於丁巳。是秋奉使夏州。則關陝邠岐之間。徧地皆蝗。而土人云

百年來所無也。江南人不識蝗爲何物。而是年亦南至常州。有司士民盡力撲滅乃盡。故涸澤者。蝗之原本也。欲除蝗圖之此其地矣

一蝗生之緣。萬歷庚戌滕鄒之間。皆言起於昭陽呂孟湖。任邱之人言蝗起於趙堡口。或言來從葦地。葦之所生。亦水涯也。則蝗爲水種。無足疑矣。或言是魚子所化。而職獨斷以爲蝦子。何也。凡倮蟲介蟲與羽蟲。則能相變。如螟蛉爲果蠃。蛣蜣爲蟬。水蛆爲蚊是也。若鱗蟲能變爲異類。未之聞矣。此一證也。爾雅翼言蝦善游而好躍。蝻亦善躍。此二證也。物雖相變。大都蛻殼即成。故多相肖。蝗之形酷類蝦。其首其身其紋脈肉味。其子之形味。無非蝦者。此三證也。又蠶變爲蛾。蛾之子復爲蠶。太平御覽言豐年則蝗變爲蝦。知蝦之亦變爲蝗也。此四證也。蝦有諸種。白色而殼柔者。散子於夏初。赤色而殼堅者。散子於夏末。故蝗蝻之生亦早晚不一也。江以南多大水而無蝗。蓋湖漅積瀦。水草生之。南方水草。農家多取以壅田。就不其然。而湖水常盈。草恆在水。蝦子附之。則復爲蝦而已。北方之湖。盈則四溢。草隨水上。迨其既涸。草留涯際。蝦子附於草間。既不得水。春夏鬱蒸。乘溼熱之氣。變爲蝗蝻。其勢然也。故知蝗生於蝦。蝦子之爲蝗。則因於水草之積也。

第五章 清

第一節 耕地之多

清既入關。統一中國。歷康熙至乾隆。凡三朝。內平叛亂。外拓疆土。幅員甚廣。可耕之地亦甚多。如直隸山東河南江蘇安徽湖北湖南江西浙江盛京諸省。凡黃河長江下游。遼河浙江下游。以及白河淮河洞庭鄱陽兩湖附近。皆為最利於耕之原隰。地方耕地之多。遂為世界。共稱徵之十八省征糧田畝。則有如左數。

直隸	六八萬、八四〇頃、六四畝、	山東	九八萬、四七二八頃、四六畝
山西	五三、二八五四、一、	河南	七一、八二〇八、六〇、
江蘇	六四、七五四七、二七、	安徽	三四、〇七八六、三三、
江西	四六、三二〇〇、九九、	福建	一三、八四八二、八五、
浙江	四六、三八八一、二六、	湖北	五九、〇四三九、四四、
湖南	三一、四四〇二、七三、	陝西	二五、八四〇二、二二、
甘肅	二三、五三六六、二二、	四川	四六、三八一九、三九、

廣東	三四、三九〇三、九、	貴州	二、六六五四、
廣西	八、九六〇一、五九、	雲南	九、四〇一九、一二九、

此外尚有各省之入官旗地。續墾荒地。查出無粒黑地。以及蒙古耕地。東三省農場。新疆等處之新墾官民荒地均甚多。

第二節　林牧之盛

(一)森林　我國當秦漢以前。山林制度。本極整齊。自後世開濫伐之端。無種植之法。此業遂漸衰頹。清時惟盛京吉林黑龍江有大森林。其廣往往周數百里。以至千餘里。登高山望之。枝葉扶疏。杳無邊際。穿林者或累日不出。仰不見天。晝必以燭。所謂大窩集者。名稱不一。納穆、塞齊、瑪爾琿托和、蘇札哈、穆稜、瑪延、聶赫。皆三省中舊有之最著者也。其次若蒙古若四川打箭爐附近。若江西臨江吉安贛州南安四府及寧都州等處。亦均以林名。講求林政者。則以宋如林之請種橡樹。牛運震之請封山林。保山水衝激之患。為最著。至光宣之際。人民對於造林。多知注意。紛紛創設樹藝木植等公司。以開林墾。以興林業。將來森林。尚未可量也。

（二）畜牧　畜牧之事。西北盛於東南。地勢然也。清平定準部西藏青海烏梁海回疆。所有西北一帶。向以牧聞。海內者皆盡入版圖。其盛可不待言。當世祖入關之初。卽亟務考牧。以近畿墾荒餘地。斥爲牧場。分親王郡王以里計。分上三旗及正藍旗以數十里計。餘四旗以頃計。附記口外牧場如左。

（1）太僕寺牧馬場。分左右翼。左翼在獨石口外都石山之北。廣二百里。袤一百七十里。右翼又分爲二。一在獨石口外商都河之南。廣一百二十里。袤八十里。一在張家口外布爾噶蘇台河之西北。廣七十里。袤五十里。

（2）上駟院牧場。場分爲二。一在獨石口外之北。曰商都達布遜諾爾牧場。廣一百九十里。袤二百七十里。一在多倫諾爾廳東北。曰達里岡愛牧場。廣三百里。袤四百里。

（3）慶豐司牧場。場分爲二。一在奉天錦州府廣甯縣北彰武臺邊門外。曰養息牧牧場。周二百五十餘里。一在東家口外。曰察哈爾牧場。計分爲七。就中牛羣牧塲三。羊羣牧場四。

此外尚有八旗等牧廠。皆在張家口外。

第三節　畋獵之制

我國古來人民獵心本盛。而清尤著。蓋楛矢石弩。風俗所尚也。盛京等地。森林既多。獵場自廣。土人業獵者。一若農夫之於田畝。漁人之於河海。四季出圍。有朝出暮歸者。有一二日始歸。或兼旬始返者。而官吏所設獵場。每年有一定時期。并有一定貢額。後雖風氣寖衰。圍獵之制不講。而槍械既良。獵具進步。禽獸利賴。非鮮少也。如東三省之瓦爾喀人。向有貢貂部落之名。以其多貢獻貂皮故也。達瑚爾鄂魯春索倫瑪涅克爾等。亦俱加打牲字樣。而三省將軍及副都統部下。向又有一定獵兵。以上皆可謂之職獵者。至蒙古土人。每屆嚴冬之候。大多出獵。是可謂之遊獵。遊獵者固所在有之。

第四節　興屯之效

清世祖入關之始。即定興屯之令。康熙五年。御史肅震疏請黔蜀屯田。略謂國用不敷之故。由於養兵。以歲費言之。兵餉居其八。以兵餉言之。綠旗又居其八。今黔蜀地多人少。誠行屯田之制。駐一郡之兵。即耕其郡之地。駐一縣之兵。即耕其縣之地。養兵之費既省。荒田亦可漸闢。下部議行。雍正初。令安西兵丁。試行屯墾。後又招民於淵泉縣之柳溝。玉門縣之赤金等處。承種屯田。又設甘肅柳林湖屯田。乾隆初。黔苗底定。以絕產給兵屯糧種。又於直隸口外塔子溝及甘肅瓜州等處興屯。乾隆三十一年。計各省屯田三十九萬餘頃。屯賦銀七十八萬五千兩。屯糧九百萬七千石有奇。至於新疆。自準夷回部。悉隸版圖。邊防與屯政相爲表裏。東自巴里坤。西至伊犂。北自科布多。南至哈喇沙爾。天山左右。水土沃饒。前後墾闢十數萬畝。邊民遂永無餽饟之勞焉。故以屯政論。清代實始著成效。劉錦。李銘安。均以是名。於新疆。而孫士毅之請屯田。亦最著名。

第五節　勸墾之績

順治六年。令州縣以勸墾多寡爲優劣。道府以督催勤惰爲殿最。嚴限年之令。於是報墾者漸多。又慮官吏有揑報攤派之弊。康熙四年。停限年之令。七年。御史徐旭林上墾荒三弊。言皆切中。然限年卒不可行。十年。令士民墾地二十頃。試其文藝通者。以縣丞用。百頃以知縣用。又展升科之年。以勸之。雍正間。屢下勸農之詔。各邊外皆以次招墾。乾隆初。編纂授時通考。五年。有零星地土。永免升科之諭。初猶限以畝數。至十一年。以廣東高雷廉等府所墾荒地。本非沃壤。十八年。以瓊州海外瘠區。三十一年。以滇省山頭地角。尚有曠土。皆聽民耕種。

不限畝數。概免升科。不特無催科之擾。而並免查勘之煩。地有遺利。人有餘力矣。先後臣工。如阿克敦鄂爾泰楊應琚之屢請開闢粵滇荒地。雅爾圖胡蛟齡等之請蠲賦給籽。以安民生計。皆注意墾務之最著者也。

第六節　出產之豐

(一)農產　清時耕地既多。產日以蕃。記其主要者如左。

稻居五穀之首。爲我國主要食品。隨地異名。不下數百種。佳者爲武進之香粳稻。宜興之一字青粳稻。信州之早生陸稻等。奇者爲滁州之三粒寸稻。(其長約三粒穀)海門之旱稻(可種桶間者)等。產地則推江蘇浙江安徽江西河南湖南四川諸省。而蘇之崑常等縣。浙之嘉湖地方。米質最良。產額亦最多。每年收穫約各達三千萬石。

麥北部旱田多產之。大小麥散產於各處。果麥蕎麥皆盛產於北方。

豆各地皆產。東三省爲最多。而漢水沿岸亦以廣種大豆聞。每年所穫凡二百二十餘萬石。

高粱。多產於北部旱田。而東三省所產者。竿達一丈以上。粒有小麥之半。故最著。

茶之出產。概在南部。湖廣爲最。安徽江西次之。浙江福建又次之。福建土地本甚宜茶。清季居民多爭植茶園。或鑿開山腹。或伐除山林。產額正未可限量。

麻到處有之。東三省及北部產多粗品。南部產多精品。山東產稍屬精品。共有片麻線麻青麻大麻四種。

白蠟樹爲四川特產。其在嘉定府附近。概培植於田畝之畦畔。樹之周圍。多有大至二尺內外者。當收納之際。折取其枝。則翌年新枝更發育。隔年一採。與各地之採桑者同。至貴州山嶺間。亦多產之。據清季調查。興義荔波思州盤州靖平等處。產額頗富。

漆。清時產漆之地。約有十五萬里之方域。如安徽河南陝西湖北貴州湖南浙江廣東等省。均有出產。但栽培之地雖多。而採取之法尙劣。故不能得純良漆液焉。

藍。多產於南嶺近山之地。故福建靛花素爲最著。而關東三省向亦以之爲第一農產。後因種植罌粟。藍之產額。遂有減無增。實爲可惜。

蔗。盛產於閩粤。就中以廣東潮州府爲第一。福建漳泉二府次之。

菸。多產於東三省及甘肅福建江西安徽湖南四川。而東三省中。又以中部及東部爲最。

(二)林產　竹木足供建築及其他工業用者。是爲主產物。種類甚多。清時長白山連於小白山之間。多松柏及各種大樹。以類相生。不雜矮木。完達山多樅楸梓柞櫟柏白樺黑樺新羅松。皆可供建築之用。其大者可作造船材料。伊勒呼里山多細葉類。有唐松落葉松新羅松赤松白松水松杜松樅數種。嫩江流域。細葉樹中。雜有青楊白楊槐櫸椵槲黑樺白樺菩提樹桑檿榆類之闊葉樹。小興安嶺闊葉樹多。并有楡及野葡萄茉莉山薔薇等灌木。佛思亨山之腹部。亦多矮小灌木。惟其間間有榛子樹。此皆東三省林產之大略也。他若蒙古產松柏椿樺樅柳等。而以松類爲最多。柳則鄂爾多斯部最盛。土默特山中又多樺欏樹。四川陝西雲南貴州產杉樟桐漆。福建湖南江西產杉松樟柟及竹。浙江安徽產杉松櫸楮及竹。廣西盛產樟桂花梨紫檀。新疆盛產胡桐。

(三)畜產　清代務畜牧。故出產甚多。依其種類之別。或以供食料。或用諸工藝。或使服勞役。要皆與吾人之生。有莫大利益。擇要記如左。

馬最著者有二。一產於蒙古。而出於直隸張家口山西殺虎口者。是謂口馬。骨格強壯。最宜用於行軍。故多倫諾爾等處。每年八九月間。輸入之馬匹。日逾千頭。二產於四川西部者。是謂川馬。軀幹小而善行山。他若青海所產之馬。亦以雄健稱。

牛有三種。一黃牛。盛產於黃河以北。雖助耕耘。而體力弱小。不能役水田。二水牛。盛產於揚子江以南。南部人民。以爲農獸。不供通常食用。三犛牛。則爲青海西藏及四川西邊之特產。力能負重。唐古特人牧養之。專供轉運。

羊有四種。山羊。綿羊。蒙古出產最多。直隸山西陝甘次之。羚羊出產於賀蘭山及後藏。大頭羊則產於天山南路。

豚爲我國食品之主要物。故各省多產之。

驢騾皆爲農業上所用役畜。直隸山東河南陝西甘肅湖北四川諸省。出產最多。

駱駝爲沙漠中必要之物。盛產於蒙古新疆一帶。間或輸出於內地。

蜂雖昆蟲之一。而有蜜與蠟。可供藥用及諸工藝用。淸時出產。以陝西省爲最。而貴州羅斛地方。亦以黃蠟出品名。

蠟蟲。四川多產之。養畜之法。先將蠟蟲種包以桐葉。每二包連結。掛於蠟樹枝上。六七日後。種子自包內發生。乃將包刺孔。以便子之外出。出外皆附散於樹枝。更經數日。在枝上蠕動。漸次呈白色。遂變爲蠟。以供燭之原料。及其餘化學工業等用。至蠟蟲種子。則多出於甯遠府。

第七節　利蠶桑

浙江江蘇廣東四川。均利蠶桑。浙之湖杭嘉紹四府。及蘇之蘇松太三屬。最爲有名。廣東之廣州雷州。四川之成都嘉定眉州合州順慶諸屬次之。他雖所在多有。而尚未甚擴充。如陳宏謀之於陝西。勸種桑養蠶。以裕農民生計。賀長齡之勸種桑於黔。涂宗瀛之勸種桑於豫。皆知其利而正在提倡也。此外提倡最著成效者有二。

(一)沈練　練司鐸績溪。見學舍牆外多隙地。遣人赴湖。買桑秧。徧植之。未幾成林。蠶用蕃息。績人聞而效之。每至蠶月。城鄉士女。紛紛來觀。練令妻子爲之口講指畫。各得其意。以去。公暇復取育蠶培桑之所宜忌。條舉之以貽績人。由是家喻戶曉。麥秋之外。增一歲收。利莫大焉。

(二)衛杰　杰嫻習樹桑育蠶之法。其主直隸蠶桑局也。在省城西關購地一區。種植桑秧。勤加培護。桑株成活。蠶業繼興。並飭各州縣勸諭紳民承領桑株。廣爲栽種。一面分頒蠶子。刊發蠶桑圖說。教以樹桑飼蠶繅絲。民間知有利益。踴躍奉行。直隸原有蠶桑之處。向僅深易二州。及完縣元民邢臺三縣。至是淸苑滿城安肅束鹿高陽安州定興望都定州深澤曲陽冀州衡水安平廣昌灤州昌黎撫甯豐潤等州縣。在在皆有栽桑之法。以種甚爲上。而參用蟠根壓條移栽接桑之法。以根接爲上。而皮接葉接壓接各得其宜。

第八節 廣木棉

江南膏腴之壤。宜植木棉。松江府太倉州海門廳通州並所屬之各縣。逼近海濱。地率沙漲。種棉者尤多。色白絲長。亦以通太爲第一。次則浙江南潯。又次則直隸深州。湖北孝感。南若福建。土地亦宜。乾隆時。李拔於福甯福州屢試有效。爰以廣興木棉爲得計。至淸季通州張謇倡棉鐵主義。國人益注意種棉。棉之產地漸廣。而山東西北及直隸南端等處多倡種美國木棉。雖尙未見廣行。而據當時報告。收成甚有望云。

第九節 治黃淮

康熙時。黃淮二水四潰。而不入海。黃河之水。倒灌洪澤湖。高家堰潰三十四所。淸水潭陸漫閘大潭灣等處。共決三百餘丈。殘缺不可勝數。山陽高郵寶應鹽城興化泰州如皋七州縣。

一片汪洋盡成澤國清聖祖乃以靳輔爲河道總督專當治水之任駐劄清江浦行署是爲河督駐清江浦之始輔熟睹形勢於康熙十六年大挑清江以下至雲梯關河道不急急於隄築得治水要領適河決宿遷楊家莊利其分洩暫緩堵塞一意濬河河既深暢則添築雲梯關外河隄南岸二萬丈北岸一萬八千餘丈束水入海又大挑清口引河築縷堤開六塘十七年決口盡塞創建碭山以下減水石壩十數處又創建高堰減水壩六座至二十年乃塞楊莊決口河工告成頻年雖間有漲溢不爲大患輔之於河審全局於胸中其最要者均劑黃淮使其力敵以爲黃強則蹋淮內灌淮强則遏黃上游停沙二瀆既均遏蹋並絕其論至精其功自見雖以下河屯田不免爲人中傷然清聖祖信其公忠始終隆眷不替對於治河之態度亦始終未變二十三年以後六次南巡詳觀黃淮形勢任張鵬翮爲河道總督一一親指授之鵬翮固纘成輔之遺緒者也試將清代河費及兵夫分誌如左

(二)河費　清代河費日見增加康熙末年約費五十五萬兩後至乾隆四十七年加至數倍嘉慶十一年又倍於乾隆道光年間計三百萬兩費用浩繁仍不免於潰裂咸豐六年決蘭儀銅瓦廂北流奪大清河至利津縣境入海是爲黃河最近一大遷徙

（二）河兵河夫、明時。僉派河夫。累民特甚。蓋州縣取之里甲。里甲視家貲爲出夫之等。一家雇夫五名。則月費十金。鬻產賣子。閭閻一空。清初則兼行召募。順治九年。河決封邱。起大明東昌兗州及河南丁夫數萬塞之。此因工程浩大。特行僉派。而又協撥於鄰省者也。至康熙時。靳輔大修歸仁堤。令協募人夫。以土夫工價抵納錢糧。一時稱便。十六年。大修全河。初議日用夫十二萬人。令鄰省協募。屢經議減。猶日用三四萬人。後工竣。上言河工興舉。無不勒之州縣。派募里民。用一費十。臣奉命兩河。並舉。日需人夫十餘萬。若循派募之舊章。必半壁號呼。自易派募爲雇募。多方鼓舞。遂使大工告成。而民不擾。大工亦用雇募。其制實自輔始。次年以坊里派募人夫。十人不得三四人之用。乃裁減河夫。設江南河兵八營。于成龍於康熙三十七年。代董安國任總河。添設河兵三千餘。酌量緩急。分班搶護。故改編夫銀。廣增兵額。始於輔。而繼以成龍。遂使民脫僉派之苦。而工獲修防之益。乾隆二年。定東南兩河兵爲戰二守八。凡河兵多熟諳水性。平日不責以騎射之能。而專司塡築之事。每遇河工緊急。合龍下埽。不爽分寸。雲梯硪築。懸絕千仞。當河濤決怒時。持土石與水爭。性命懸於頃刻。惟責任專。諳練熟。故能奏功而無害。此尤清代兵制之超出前代者也。

第十節　治蝗蝻

（一）方法　蝗蝻治法甚多。或以火誘。或以土埋。而最要者。莫若絕除根種。乾隆十七年。御史周燾言除蝻滅種。二十四年。江南山東蝗。京畿道御史史茂亦謂捕蝗不如捕蝻。捕蝻不如滅種。與馬源輩各陳疏議。奏之於朝。著爲條例。頒行官司治蝗方法。於是乎備。其他說之著者有二。

（1）陳芳生曰。蝗種傳生。一石可至千石。是以冬月掘除。最爲急務。且當農力方閒。正可從容搜索。官司即以數石粟易一石子。亦不足惜。而況不需數石乎。惟掘子有難易。則授粟宜有等差。且應厚給。使民樂趨其事。

（2）陸曾禹曰。世云蝗有薰變而成者。有延及而生者。不知延及而生。實始於薰變而成。官民苟能致力水涯。不容薰變。則禍端絕矣。

（二）律令　清代治蝗有定例。所謂大清律例及戶部則例多載之。擇要錄二則如左。

（1）凡有蝗蝻之處。文武大小官員。率領多人。公同及時捕捉。務期全淨。其雇募人夫。每名計日酌給銀數分。以爲飯食之資。許其報明督撫。據實銷算。果能立時撲滅。督撫具題。照例議叙。如蔓延爲害。必根究蝗蝻起於何地。及所到之處。該管地方官玩忽從事者。交部照律治罪。并將該督撫一併議處。

(2)直省濱臨湖河低窪之處。向有蝗蝻之害者。責成地方官。督率鄉民。隨時體察。早爲防範。一有蝻種萌動。卽多撥兵役人夫。及時撲捕。或掘地取種。或於水涸草枯之時。縱火焚燒。設法消滅。如州縣官不早撲除。以致長翅飛騰者。均革職拿問。

第十一節　試種區田

區田本古代農田最完美之法。農家者流。代經試驗。元時嘗以其法下之民間。而民不應者。以工力費而人不耐煩也。清代二百餘年間。治此者甚多。成效之著。亦不一。康熙時。朱龍耀爲蒲令。邑處萬山中。高陵陡坡。非雨澤不能有秋。爰取區田法試之。後爲太原司馬。在平地亦然。收每區四五升。畝可三十石。於是刊布圖說。以爲務農者勸。詹文煥監督大通。亦試於官舍隙地。一畝之收。五倍常田。鄧鍾岳曾行此於雍正末。收多常田二十斛。王爾緝力爲於大旱時。畝得五六石。此外試種者。尚有其人。蓋皆元王楨法也。法甚簡易。可行少地之家。固宜遵用至旱荒之時水泉闕少之鄉尤宜留意焉孫宅揆王心敬陸世儀輩均論之極詳。

第十二節　善治圃田

田之種蔬果者曰圃或繚垣牆或限籬塹負郭之間但得十畝足贍數口因比之常田歲利數倍也嘉慶時鳳台有鄭念祖者素封家也傭一兗州人治圃圃僅二畝一人助之日闢町

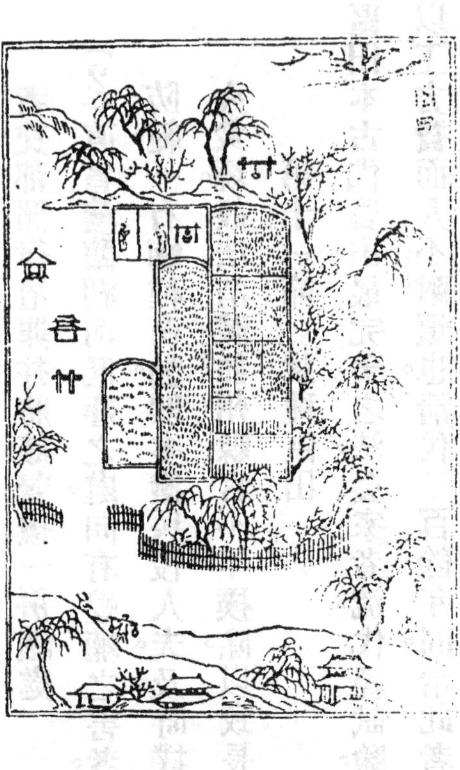

治畦密其籬疏其援萌而培之長而導之熯而灌之溼而利之除蟲蟻驅鳥雀所治雖少而終日不休他圃未苗而其圃之蔬蓏已繁實矣以其早也價輒倍以其鮮美碩大也市卽速售歲終計之利莫大焉惟務多取糞壤以為膏腴之本故他人治地十畝須糞不過千錢念祖二畝之糞須錢二千一時聞者譁之而不知其利厚也

第十三節　廣興井利

鑿井灌田。可補雨澤之缺。可通江河淵泉之窮。山西井利甲於諸省。次則陝西。陝西平原八百餘里。雖有河道。岸高難引。向時農作。率皆待澤於天。旱即束手無策。自乾隆二年。崔紀通行開井。除延安榆林二府。邠鄜綏德三州。所屬地高土厚。不能鑿井外。西安同州鳳翔漢中四府。並渭南九州縣。地勢低下。或一二丈。或三四丈。即可得水。共開成井三萬二千九百餘眼。受利良多。後陳宏謀巡撫其間。又諭屬勸導。凡以己貲開井者。地方官驗明獎勵。無力者給社穀常平穀作工本。誠以井養不窮。故鑿井耕田。農功並重也。當時王心敬著有井利說。甚爲明切。其言曰。吾生陝西。未能遍行天下。而如河南湖廣江南北。則足蹟嘗及之。山西順天山東。則嘗聞之。大約北省難井之地。惟豫省之西南境。地勢高亢者。井灌多難。至山東直隸。則可井者且當不止一半。特以地廣民稀。小民但恃天爲生。畏於勞苦。而歷來當事。亦畏於草昧經營。故荒歲率聽諸天。坐待流離死亡耳。惟山西則民稠地狹。爲生艱難。其人習於儉勤。故井利甲於諸省。然亦罕遇召父杜母爲監司。故井處終不及曠土之多。至如吾陝之西安鳳翔二府。則西安渭水以南諸邑。十五六皆可井。而民習於惰。少知其利。獨富平蒲城二邑。井利頗盛。如流渠米原等鄉。有掘泉深至六丈外。以資汲灌者。甚或用磚包砌。工費三四十金。用轆轤四架而灌者。故每值旱荒時。二邑流離死亡者獨少。鳳翔九屬水利可資處。又多於西安而棄置未講者。亦且視西安爲多。夫天道六十年必有一大水旱。三十年必有數小水旱。卽十年中旱歉亦必一二値。惟地下之水泉終無竭理。若按可井之地立掘井之法。則實利可及於百世。今計其規制之詳。則首在視村堡人丁多寡之數。次視地勢高下淺深之宜。又次計成井取水難易省費之詳。又次必先事豫備。不至緩時以失事機。而緊要則在鄉約村村得人。而大綱紐則在太守賢明。實心實力。嚴飭州縣。信賞必罰。絲毫不以假借也。

第十四節　牧養山蠶

山蠶之利。自古有之。禹貢萊夷作牧。厥篚檿絲。檿。山桑也。作牧。言可畜牧以爲生也。東萊有此絲。至漢已漸著。淸代則除山東省外。東三省亦爲山蠶主產地。但三省之繭。槪由蓋平運往山東。故一言山蠶。人皆以山東稱。其利遂廣行於他省。一時牧養最著者。有陝西貴州二省。記如左。

（一）陝西　陝西山中。槲葉最盛。宜養山蠶。康熙年間。寧羌州雇來山東人。始牧養之。乾隆時。陳宏謀蒞陝。刊刻山東養蠶成法。分發通省。倣效學習。一時獲繭成紬者。有寧羌藍田商南鄠縣等處。鄠縣募得善於養蠶之魏振東。立爲蠶長。教人牧養。成效尤著。陝地養蠶樹名。有如左列。

槲　大者爲大葉槲。小者爲小葉槲。

橡　結子落地。以土掩之。卽可發芽成樹。

青棡　葉類橡而小。結子與槲同。

柞　皮有紅白之別。葉皆青色。似柳而較寬。經霜不落。

（二）貴州　貴州遵義。多青棡樹。葉可飼山蠶。向時民間徒供薪樵之用。自乾隆中。有郡守自山東來者。買取繭種。雇覓蠶師。廣爲教導。其利始著。至道光時。宋如林按察。更爲注意。籌辦經費。採買橡子。散之民間。勸諭種植。俟成樹可以養蠶。仍由官分給蠶繭。令民蓄養於樹。自是貴州蠶紬。盛行於世。利甚溥也。蓋始以山東之利。行之遵義。繼以遵義之利。行之諸郡焉。

第十五節　輸出產物

我國農產出口。向以茶絲為大宗。採茶樹之葉。而施以適宜之製法。因製法不同。遂有紅茶綠茶甎茶等名目。產出地為兩廣江西漢口安徽福建。絲業垂四千年。二千年來。皆以精良著。共析為白野黃三種。白絲最重要。產出地多在江浙兩省及廣東。江浙中又以湖州為製絲中心點。淸自康熙二十一年。平台灣。開海禁後。外人歲至舟山四明之間。購頭蠶湖絲以歸。至乾隆二十四年。嚴禁絲觔出洋。復經兩廣總督奏請。照東洋銅商搭配之例。每船准買土絲五千觔。二蠶湖絲三千觔。著為額。後數年。頭蠶湖絲亦弛禁。考同治初年。湖絲出口之數。歲不下二千餘萬。利與茶相埒。通商以來。貿易既多。農產之輸出。亦因以日夥。茲將光緒末年情形。表以明之。

產物／年分	光緒三十二年	光緒三十三年	光緒三十四年
紅茶	一三三五、萬兩	一五四三、	一五二四、
紅綠茶磚	六四七、	六七五、	七七二、
白絲	一六四八、	一七八〇、	一七七一、
黃絲	三二一、	四七四、	四五二、
綠茶	七六四、萬兩	九一七、	九七二、
蠶繭	一〇八、	一三〇、	一三四、
野蠶絲	六三七、	六二九、	七五七、
亂頭絲	三二〇、	五四三、	四三二、

豆	三三五、	三三四、	九〇八、
棉花	二六三、	一六九五、	一〇三四、
毛麻	一九九、	一三七、	一一〇、
藥材	二四三、	二四一、	三六三、
各種木料		一〇三、	一三八、
牛羊豬	三三五、	三三九、	三五四、
山羊皮	四三八、	四一五、	二八三、
牛皮	五四九、	七七一、	六三三、
各種魚介		一〇一、	一一五、
豆餅	七〇六、	九一四、	一四二九、
芝、麻	四五一、	三六七、	九一三、
菸葉及絲	三三一、	二五〇、	二三八、
各種竹竿	一〇一、	二二四、	一三五、
樟腦	一三一、	二〇七、	
豬鬃	二七五、	二九七、	二七九、
緜羊毛	四八四、	三七一、	三六三、
雞鴨毛	一〇六、	二一五、	

上列產物仍以茶絲爲大宗茲更將光緒時茶絲類逐年輸出担數表以明之

年分／種類	紅綠茶並磚茶茶末	白黃絲經纅絲	野蠶絲 蠶繭 亂絲頭 亂蠶繭 亂絲棉
光緒二十四年	一五三、八六〇〇擔	九、二三三三	一〇、三八一〇
同 二十五年	一六三、〇七九五	一三、三四二四	一三、四四九九

同二十六年	一三八、四三二四	七、八二六七	九、六〇五六
同二十七年	一一五、七九九三	一〇、八六九六	一〇、六八五〇
同二十八年	一五一、九二二一	一〇、〇五一九	一一、七〇三六
同二十九年	一六七、七五三〇	七、二六九五	一三、三一二五
同三十年	一四五、一三四九	九、一八八五	一三、六二〇三
同三十一年	一三六、九二九八	八、〇三三五	一四、七七六四
同三十二年	一四〇、四一二六	八、四九三一	一三、八三五七
同三十三年	一六一、〇三五	九、三三一七	一六、八一一三
同三十四年	一五七、六一三六	九、四九四二	一五、九七四四

輸出國別

(一)在亞洲者

安南　暹羅　新加坡

爪哇　印度　土耳其

波斯　朝鮮　日本

(二)在歐洲者 英吉利 瑙威 瑞典
丹麥 德意志 荷蘭
比利時 法蘭西 日
瑞士 意大利 奧
俄

(三)在美洲者 合衆國 墨西哥 幹阿廷

(四)在非洲者 埃及 南非洲

第十六節 改行新法

新法不行。農事卽無進步可言。淸之德宗。固重農事者也。其二十三年之諭云。桑麻絲茶等項。均爲民間大利所在。全在官爲董勸。庶幾各治其業。成效可觀。着各直省督撫。督飭地方官。各就土物所宜。悉心勸辦。以濬利源。至改革以後。尤加注意。分記如左。

(一)設部 農工商部。職掌全國實業。以尙書侍郞統之。而總核於左右丞左右參議。分四司。農務其一也。

(二)興學　光緒二十九年。時事多艱。興學育才。實爲急務。張之洞釐訂學堂章程。次第推行。其關於農業者如左。

(1)農科大學。爲大學堂八科之一。分四門。一農學。二農藝化學。三林學。四獸醫學。學習年數。以三年爲限。

(2)高等農業學堂。以授高等農業學藝。使學生將來能經理公私農務產業。并可充各農業學堂之教員管理員爲宗旨。以國無惰農。地少棄材。雖有水旱。不爲大害。爲成效。分豫科本科。豫科一年畢業。本科分農學森林學獸醫學三科。若在殖民墾荒之地。可設土木工學科。農學科四年畢業。餘皆三年。

(3)中等農業學堂。以授農業所必需之知識藝能。使學生將來實能從事農業爲宗旨。以各地方種植畜牧。日有進步。爲成效。豫科二年畢業。本科三年。

(4)初等農業學堂。以教授農業最淺近之知識技能。使學生畢業後實能從事簡易農業爲宗旨。以全國有恆產人民。皆能服田力穡。可以自存。爲成效。三年畢業。

此外尙有農業教員講習所。科目凡二十三。學習年數。以二年爲限。通商口岸及出產絲

茶省分又設立茶務學堂及蠶桑公院等對於農業教育固甚注意也

第十七節　農器

我國農器歷世更新由簡至精由人力進於畜力向之時固臻美備矣迨及近世器惟求舊不事改良此生產力所以不能盡也光緒間英人李提摩太云盡中國之田治以西國田器歲必增二萬萬金以其能盡土地之生產力也故譚嗣同胡璋輩皆嘗謀改製購取美國鋸機荷蘭風車日本鑿井器多種焉至國人以農器著者有劉汝璆之製筒車江永以木牛耕田木牛爲武侯遺法筒車則用以運水

第十八節　農書

（一）授時通考　乾隆時頒行七十八卷凡八門曰天時明耕耘收穫之節也曰土宜盡高下燥溼之利也曰穀種別物性也曰功作盡人力也曰勸課重農之政也曰蓄聚備荒之制也曰農餘種植畜養之事也曰蠶業簇箔織紝之法也全書準今酌古有裨實用

（二）沈氏農書　張履祥刊一卷書成於崇禎末履祥以其有益農事因爲校定具列藝穀栽桑育蠶畜牧諸法而首以月令以辨趨事赴功之宜

（三）梭山農譜　劉應棠撰。三卷。分耕耘穫三門。詳其器與事。

（四）豳風廣義　楊屾撰。三卷。述樹桑養蠶織紝之法。備繪諸圖。詳說其制。而雞豚畜字之法。亦附見焉。

（五）區種五種　趙夢齡輯。氾勝之遺書。教稼書。區田編。加庶編。豐預莊本書。凡五種。

（六）荒政叢書　俞森撰。十卷。輯古人救荒之法。凡七家言。又自作常平義倉社倉三考。溯其源使知所法。復救其弊使知所戒。

（七）荒政輯要　汪志伊纂。十卷。

（八）治蝗全書　顧彥輯。四卷。我國治蝗。向無成書。此則除根掘子去蝻捕蝗諸法。既精且詳。亦復簡便易行。

（九）蠶桑萃編　衛杰編。十五卷。自桑政辨時治地蠶政祈神育子以迄繅絲製車攀花成錦織細該備。並記及泰西蠶事東洋蠶子焉。

（十）廣蠶桑說　沈練編。二卷。所說明晰。婦孺皆能通曉。

（十一）農業全書　賴昌纂譯。三編。十六卷。凡生產經濟二大派。包括靡遺。

（十二）農學叢刻　農學會刊行。凡二十三種。

大中華農業史終

敬啟

『民國專題史』叢書，乃民國時期出版的著名學者、專家在某一專題領域的學術成果。所收圖書絕大部分著作權已進入公有領域，但仍有極少圖書著作權還在保護期内，需按相關要求支付著作權人或繼承人報酬。因未能全部聯系到相關著作權人，請見到此説明者及時與河南人民出版社聯系。

聯系人　楊光

聯系電話　0371–65788063

2016年3月28日